T0213276

Ergebnisse der Mathematik und ihrer Grenzgebiete

Band 56

Herausgegeben von

P. R. Halmos · P. J. Hilton · R. Remmert · B. Szőkefalvi-Nagy

Unter Mitwirkung von

L. V. Ahlfors · R. Baer · F. L. Bauer · R. Courant · A. Dold
J. L. Doob · S. Eilenberg · M. Kneser · G. H. Müller · M. M. Postnikov
B. Segre · E. Sperner

Geschäftsführender Herausgeber: P. J. Hilton

A. F. Monna

Analyse non-archimédienne

Springer-Verlag Berlin Heidelberg New York 1970

Dr. A. F. Monna
Professeur à l'Université d'Utrecht

AMS Subject Classifications (1970): 46 A XX, 46 B XX, 46 G XX

ISBN 978-3-662-00232-2   ISBN 978-3-662-00231-5 (eBook)
DOI 10.1007/978-3-662-00231-5

Softcover reprint of the hardcover 1st edition 1970

Préface

Comme l'analyse réelle ou complexe est basée sur le corps des nombres réels, resp. le corps des nombres complexes, les corps munis d'une valuation non-archimédienne, dont les corps p-adiques sont un exemple, sont à la base de l'analyse non-archimédienne.

Après l'introduction des corps p-adiques par Hensel en 1908[1], ces corps ont été étudiés principalement dans la théorie des nombres et en algèbre. Ce n'est qu'après 1940 que leur étude a été abordée du point de vu de l'analyse, résultant en un nombre d'articles dans plusieurs journaux. Bien qu'on trouve dans quelques livres (par exemple dans Bourbaki, Espaces vectoriels topologiques, Chap. I, II) certains résultats élémentaires dans ce domaine, un livre qui traite de ce sujet d'une façon systématique manque; en particulier l'étude de la convexité et ses diverses conséquences ainsi que la théorie de l'intégration n'y ont pas trouvé place.

La situation dans ce domaine est maintenant telle qu'il semble justifié de réunir les résultats dans un livre.

Le but de ce livre est d'une part de présenter les principes de la théorie de telle sorte que les mathématiciens qui ne connaissent pas le domaine y trouvent les moyens nécessaires pour y pénétrer. D'autre part, j'espère que le livre sera utile pour ceux qui travaillent dans ce domaine en rassemblant, parfois sans démonstration, les résultats déjà acquis. C'est pourquoi que j'ai indiqué des problèmes ouverts. La bibliographie à la fin du livre leur sera utile.

Je m'occupe dans ce livre de l'*analyse* non-archimédienne. On n'y trouvera donc pas la théorie algébrique des corps valués non-archimédiens, ni les applications de ces corps dans la théorie des nombres; ce domaine est tellement vaste qu'un livre tel que le présent ne suffirait pas pour les réunir. Seulement, dans le chapitre I j'ai réuni ceux des résultats de la théorie algébrique qui sont indispensables pour l'analyse.

Le chapitre II contient des résultats de l'analyse classique dans le cas non-archimédien. Je n'ai pas traité la théorie récente des fonctions non-archimédiennes; je me suis contenté d'en faire quelques indications.

---

[1] La dénomination des nombres p-adiques fut introduite par K. Hensel dans son livre «Theorie der algebraischen Zahlen» (Leipzig 1908). Cependant, l'idée de ces nombres et les propriétés se trouvent déjà dans son article «Über eine neue Begründung der Theorie der algebraischen Zahlen», Journ. f. r. und angew. Math. 128, 1–32 (1905).

M. R. Remmert m'a communiqué qu'il veut écrire un livre sur ce sujet en collaboration avec M. U. Güntzer.

Dans les chapitres suivants on trouve l'analyse linéaire, c'est à dire la théorie des espaces de Banach et des espaces localement convexes, y compris la dualité. Un chapitre spécial est consacré à la théorie de l'intégration non-archimédienne.

Dans le dernier chapitre j'ai rassemblé des sujets variés dans le domaine. On y trouvera des applications et des problèmes ouverts. Ce ne sont que des indications; la théorie est devenue déjà tellement étendue qu'il est impossible de les présenter en détail dans un livre tel que le présent. Je pense par exemple à la théorie des opérations linéaires et à l'analyse harmonique. J'espère que le lecteur trouve dans le livre des moyens pour pouvoir consulter les travaux originaux.

J'ai traité la bibliographie avec le plus grand soin; je crois qu'elle est assez complète.

Pendant la composition du livre j'ai profité des remarques de MM. T. A. Springer, E. M. J. Bertin, M. van der Put de l'université d'Utrecht et de M. A. C. M. van Rooy de l'université de Nijmegen; leurs avis m'ont été très précieux. Il m'est agréable de leur exprimer mes sincères remerciements. Je remercie Mlle. W. M. Jenner de l'université d'Utrecht pour l'excellente préparation du manuscrit.

Enfin je présente mes remerciements à Springer-Verlag pour les bons soins pour l'édition de ce livre.

Utrecht, mai 1970   A. F. Monna

Table des matières

Chapitre I

Corps valués

Dans ce chapitre nous donnons, comme introduction à l'analyse non-archimédienne, les éléments de la théorie des corps valués. Nous supprimons la plupart des démonstrations des théorèmes; on peut les trouver dans la littérature (voir par exemple [47]).

1. Définition 1. *Une valuation (réelle) d'un corps K est une application $|\cdot|$ de K dans le corps $\mathbf{R}$ des nombres réels vérifiant les axiomes suivants:*

(i) $|a| \geqslant 0$ *pour tout* $a \in K$.

(ii) $|a| = 0 \Leftrightarrow a = 0$.

(iii) $|ab| = |a| \cdot |b|$.

(iv) $|a+b| \leqslant |a| + |b|$.

Il s'ensuit $|1| = 1$; $|a| = |-a|$; $|a^{-1}| = |a|^{-1}$ pour $a \neq 0$.

Exemples. 1. Soit K le corps $\mathbf{C}$ des nombres complexes. Si $a = \alpha + i\beta$, on définit une valuation par $|a| = \sqrt{\alpha^2 + \beta^2}$.

2. Prenons pour K le corps $\mathbf{Q}$ des nombres rationnels. Soit p un nombre premier fixe. Tout $a \in \mathbf{Q}$, $a \neq 0$ s'écrit d'une façon unique comme $a = \frac{\alpha}{\beta} p^n$, où α et β sont primes à p. On définit alors une valuation sur $\mathbf{Q}$ par $|a| = p^{-n}$, $|0| = 0$. C'est la valuation p-adique.

3. Sur chaque corps K on définit la valuation triviale par $|0| = 0$ et $|a| = 1$ pour $a \neq 0$.

Définition 2. *Une valuation est appelée archimédienne s'il existe un nombre entier $n(= n \cdot 1)$ dans le corps premier de K tel que $|n| > 1$; la valuation est appelée non-archimédienne (n. a.) si $|n| \leqslant 1$ pour tout entier n.*

Théorème 1. *La valuation $|\cdot|$ est non-archimédienne si et seulement si au lieu de l'inégalité* (iv) *de la définition 1 on a l'inégalité plus forte*

$$|a+b| \leqslant \max(|a|, |b|).$$

Parfois on appelle cette inégalité: *l'inégalité ultramétrique*. Les valuations des exemples 2 et 3 sont n. a. Chaque valuation d'un corps de caractéristique $p \neq 0$ est n. a.

Définition 3. *Les valuations $|\cdot|_1$ et $|\cdot|_2$ de K sont appelées équivalentes si $|a|_1 < 1$ entraîne $|a|_2 < 1$.*

Théorème 2. *La valuation* $|\cdot|_1$ *est équivalente à* $|\cdot|_2$ *si et seulement s'il existe* $s > 0$ *tel que* $|a|_2 = |a|_1^s$ *pour tout* $a \in K$.

Les valuations de Q sont caractérisées par le théorème suivant.

Théorème 3. (i) *Chaque valuation archimédienne de* **Q** *est équivalente à la valuation absolue ordinaire de* **Q**.

(ii) *Chaque valuation non-archimédienne non-triviale de* **Q** *est équivalente à la valuation p-adique pour un certain nombre prime p.*

Le théorème suivant montre que la classification des valuations en valuations archimédiennes et valuations non-archimédiennes est de première importance pour tout ce qui suit.

Théorème d'Ostrowski. *Un corps K, muni d'une valuation archimédienne est isomorphe à un sous-corps du corps* **C** *des nombres complexes et la valuation est équivalente à la valuation induite par la valuation absolue ordinaire de* **C**.

Une analyse dans les corps valués, différente de l'analyse réelle ou complexe, sera donc nécessairement une analyse non-archimédienne.

2. Etant donné un corps K muni d'une valuation, on définit sur K une topologie d'espace métrique par la métrique $d(a,b) = |a - b|$.

Théorème 4. *Le corps K muni de cette topologie est un corps topologique. Deux valuations équivalentes définissent la même topologie sur K.*

On peut compléter les corps valués.

Théorème 5. *Pour chaque corps K il existe un surcorps valué complet $\hat{K}$ tel que K est dense dans $\hat{K}$; la valuation de $\hat{K}$ est un prolongement de celle de K ; $\hat{K}$ est unique à un isomorphisme près.*

Par complétion de **Q**, muni de la valuation absolue ordinaire, on obtient le corps des nombres réels. La complétion pour la valuation p-adique donne le corps $\mathbf{Q}_p$ des nombres p-adiques.

3. Les corps valués non-archimédiens possèdent quelques propriétés spéciales.

3.1. Pour toute valuation n.a. on a

$$|a + b| = \max(|a|, |b|) \quad \text{si} \quad |a| \neq |b|.$$

Supposons $|a| < |b|$ et $|a + b| < |b|$. Alors

$$|b| = |a + b - a| \leqslant \max(|a+b|, |a|) < |b|,$$

ce qui est une contradiction.

3.2. Supposons que la valuation de K soit n.a.; alors la valuation de $\hat{K}$ est n.a. et les ensembles des valeurs de K et $\hat{K}$ sont identiques.

La première propriété est une conséquence de la définition. Soit $a \in \hat{K}$, $a \neq 0$. Il existe $b \in K$ tel que $|a-b| < |a|$. Il s'ensuit $|b| = |a|$.

En particulier l'ensemble des valeurs des éléments de $\mathbf{Q}_p$ est identique à celui de $\mathbf{Q}$, muni de la valuation p-adique, à savoir les nombres p^n (n entier) et 0.

3.3. Pour des raisons d'analogie on définit un intervalle I dans K par $\{x \in K \mid |x-a| \leqslant \varepsilon\}$ ou $\{x \in K \mid |x-a| < \varepsilon\}$.

C'est une conséquence immédiate de l'inégalité triangulaire forte que ces deux intervalles sont à la fois ouverts et fermés. Considérons par exemple le premier. Soit $x_0 \in I$ et $|y-x_0| \leqslant \varepsilon$. On a

$$|y-a| = |y-x_0+x_0-a| \leqslant \max(|y-x_0|, |x_0-a|) \leqslant \varepsilon,$$

de sorte que I est ouvert.

Dans un corps valué n.a. chaque élément possède donc des voisinages arbitrairement petits ouverts et fermés. Il s'ensuit:

Théorème 6. *Chaque corps valué n.a. a la dimension* 0.[1]

Remarquons que la topologie qu'on déduit de la valuation triviale est discrète.

Nous supposons dans ce qui suit que la valuation ne soit pas triviale sauf mention exprès.

Corollaire. *Chaque corps valué n.a. est totalement discontinu.*

Les intervalles possèdent encore d'autres propriétés remarquables (par exemple chaque point d'un intervalle peut servir comme centre), mais nous n'y insistons pas ici puisque nous aurons l'occasion d'y revenir plus tard dans le cadre plus général des espaces normés ou localement convexes.

3.4. On distingue deux types de valuations n.a.: les valuations denses et les valuations discrètes.

Considérons encore les valuations n.a. On voit que l'ensemble $\{|a|, a \in K, a \neq 0\}$ est un sous-groupe du groupe multiplicatif des nombres réels positifs. C'est le *groupe des valeurs* G de la valuation.

(i) *La valuation est appelée discrète si* G *est un groupe cyclique.* On sait que G est cyclique si et seulement si le sous-ensemble des nombres <1 de G possède un élément maximal, qui est alors un générateur de G. Il existe donc un nombre $0 < \rho < 1$ tel que

$$G = \{\rho^n, n \in \mathbf{Z}\}.$$

---

[1] Dans tout ce qui suit nous dirons qu'un espace topologique a la dimension 0 s'il possède une base formée d'ensembles à la fois ouverts et fermés.

(ii) *Si G n'est pas cyclique la valuation est appelée dense.* En appliquant la relation $|ax| = |a| \cdot |x|$, on voit que dans ce cas G est dense dans $\mathbf{R}_+^*$.

Exemples. (i) Les valuations p-adiques sont discrètes.

(ii) Soit Γ un corps. Considérons les séries formelles

$$x = a_1 t^{\alpha_1} + a_2 t^{\alpha_2} + \cdots + a_n t^{\alpha_n} + \cdots,$$

où $a_i \in \Gamma$ et où la suite $(\alpha_i)_{i \in \mathbf{N}}$ des exposants est une suite croissante de nombres rationnels tendant vers ∞. Comme il est bien connu, l'ensemble de ces séries est un corps K (pour les séries formelles voir [11]). Soit $x \in K$, $a_1 \neq 0$. On définit une valuation n. a. de K par

$$|x| = 2^{-\alpha_1},$$
$$|0| = 0.$$

Cette valuation est dense. Nous reviendrons à cet exemple plus tard.

3.5. Soit K un corps valué n.a. L'ensemble $\{a \in K \,|\, |a| \leqslant 1\}$ est un anneau O, qu'on appelle *l'anneau de la valuation* ou aussi *l'anneau des entiers* de K.

L'ensemble $\{a \in K \,|\, |a| < 1\}$ est un idéal maximal dans O et on démontre que c'est le seul idéal maximal $\mathfrak{p}$ de O. L'anneau $O/\mathfrak{p}$ est un corps qu'on appelle *le corps résiduel de la valuation.*

On démontre que les valuation discrètes sont caractérisées par la propriété que $\mathfrak{p}$ est un idéal principal.

Les corps résiduels de K et $\hat{K}$ sont isomorphes.

Le corps résiduel du corps p-adique $\mathbf{Q}_p$ est le corps fini de p éléments.

3.6. Les corps valués n.a. localement compacts, appelés corps locaux, sont caractérisées par la propriété suivante.

Théorème 7. *Le corps valué n.a. K est localement compact par rapport à la topologie induite par la valuation si et seulement si*

(i) *K est complet.*

(ii) *La valuation est discrète.*

(iii) *Le corps résiduel est fini.*

La condition imposée à un corps d'être localement compact est donc une condition très forte.

Les corps locaux sont les corps suivants:

1e. le complété d'une extension transcendante simple d'un corps fini;

2e. les extensions algébriques finies d'un corps $\mathbf{Q}_p$.

Quant au rôle de la connexion, mentionnons encore le théorème suivant de *Pontrjagin.*

Théorème 8. *Soit K un corps topologique connexe et localement compact. Alors K est isomorphe au corps topologique des nombres réels ou au corps topologique des nombres complexes. Si l'on admet des corps non-*

commutatifs il y a une troisième possibilité: K peut etre isomorphe au corps des quaternions.

Remarquons enfin que tout corps localement compact peut être muni d'une valuation qui induit la topologie.

3.7. Dans les valuations n. a. l'inégalité triangulaire forte

$$|a+b| \leqslant \max(|a|, |b|)$$

est essentielle. Ceci implique que dans l'application $|\cdot| : K \to \mathbf{R}$ l'addition des nombres réels ne joue aucun rôle. Ce ne sont que l'ordre et la multiplication des nombres réels non-négatifs qui sont utilisés. En partant de cette remarque on peut définir une classe plus générale de valuations n. a.; ce sont les applications du corps K dans un groupe multiplicatif ordonné avec 0 (voir [47]). Les valuations n. a. réelles en sont un cas particulier; on appelle celles-ci des valuations de rang 1. Dans une telle théorie générale les notions d'ordre archimédien et d'ordre non-archimédien jouent un rôle; il ne faut pas confondre les ordres non-archimédiens avec les valuations non-archimédiennes. Dans tout ce qui suit nous ne considérons que les valuations de rang 1.

Nous nous bornons à ces principes de la théorie des valuations qui sont d'un usage fréquent dans tout ce qui suit. Nous n'avons pas besoin de la théorie plus élevée des valuations (par exemple la théorie des extensions d'une valuation).

Dans ce qui suit nous désignons par K un corps muni d'une valuation non-archimédienne non-triviale. Nous supposons K complet.

Dans les chapitres suivants nous présenterons les principes de l'analyse dans un tel corps K (analyse élémentaire, espaces normés, espaces localement convexes). Il faut noter une grande différence entre une telle analyse et l'analyse réelle. C'est que K n'est pas un corps ordonné et il faut donc fonder l'analyse sans usage de la notion d'ordre. De plus, en général le corps K ne sera pas localement compact.

Malgré cela, un grand nombre de résultats subsistent, même par exemple pour une notion comme la convexité qu'on peut définir sans ordre.

Nous supprimons les définitions traditionnelles, qui restent évidemment les mêmes en analyse n. a. comme en analyse classique (par exemple la continuité, la convergence etc.). Nous supprimons aussi les démonstrations pour lesquelles on peut suivre l'analyse classique ou dont les changements à faire sont évidents. Parfois nour référons à des livres dans lesquels on trouve des démonstrations; il est superflu de les répéter ici.

Il n'est pas le but de ce livre de donner en détail tous les résultats connus. Nous avons l'intention de présenter les aspects caractéristiques de l'analyse n. a.; pour les détails nous référons à la littérature.

Chapitre II

Analyse classique non-archimédienne

§ 1. Séries

1.1. On définit la convergence d'une suite (a_n), $a_n \in K$, de la façon usuelle.

Soit (a_n) une suite convergente et soit $\lim\limits_{n \to \infty} a_n = a$, $a \neq 0$. Alors il existe $N > 0$ tel que $|a_n| = |a|$ pour $n > N$.

La convergence entraîne qu'il existe $N > 0$ tel que $|a_n - a| < |a|$ pour $n > N$. Alors, pour $n > N$

$$|a_n| = |a_n - a + a| = \max(|a_n - a|, |a|) = |a|.$$

1.2. *La série $\sum\limits_1^{\infty} a_n$ est convergente si et seulement si $\lim\limits_{n \to \infty} a_n = 0$.* Pour que la série converge il faut et il suffit que pour tout $\varepsilon > 0$ il existe $N > 0$ tel que

$$|a_{m+1} + \cdots + a_{m+k}| < \varepsilon$$

pour $m \geq N$ et $k = 1, 2, \dots$. La proposition suit alors de l'inégalité

$$|a_{m+1} + \cdots + a_{m+k}| \leq \max_i |a_{m+i}|.$$

Si $\sum\limits_1^{\infty} a_n = a \neq 0$, on a

$$\left| \sum_1^{\infty} a_k \right| = \left| \sum_1^m a_k \right|$$

pour les valeurs de m suffisamment grandes.

La convergence de $\sum |a_n|$ entraîne la convergence de $\sum\limits_{\infty} a_n$.

On démontre d'une façon analogue que le produit $\prod\limits_1^{\infty} a_n$ converge si et seulement si $\lim a_n = 1$.

Exemple. Chaque élément $a \in \mathbf{Q}_p$ s'écrit d'une façon unique dans la forme

$$a = \sum_{i=n}^{\infty} a_i p^i, \ a_n \neq 0,$$

où les a_i appartiennent au système de représentants $0, 1, \dots, p-1$ du corps résiduel; $|a| = p^{-n}$.

La série est convergente. Il est évident que la limite de chaque série de cette forme appartient à la complétion $\mathbf{Q}_p$ de $\mathbf{Q}$.

Réciproquement on démontre par induction que chaque $a \in \mathbf{Q}_p$ est égale à la limite d'une telle série. Par une multiplication avec une puissance convenable de p, on peut d'abord supposer que $a \in O$. Alors il existe $a_0 \in \{0, 1, \ldots, p-1\}$ tel que $a \equiv a_0 \pmod{p}$, donc $(a-a_0)p^{-1} \in O$.

En continuant ce procédé, on obtient la série désirée. L'unicité du développement est d'ailleurs facile.

Supposons

$$\sum_{i=n}^{\infty} a_i p^i = \sum_{i=n}^{\infty} a_i' p^i = a.$$

Posons

$$a_{n+1} p^{n+1} + \cdots = \xi$$
$$a_{n+1}' p^{n+1} + \cdots = \eta.$$

On a
$$|a_n p^n - a_n' p^n| = |a_n p^n - a - (a_n' p^n - a)| \leqslant \max(|a_n p^n - a|, |a_n' p^n - a|)$$
$$= \max(|\xi|, |\eta|) \leqslant p^{-n-1},$$

donc $|a_n - a_n'| \leqslant p^{-1}$, ce qui entraîne $a_n = a_n'$; il suffit de continuer ce procédé.

Il s'ensuit que $\mathbf{Q}_p$ est localement compact. Il suffit de démontrer que chaque ensemble infini borné V possède un point d'accumulation. On peut supposer que tous les éléments de V sont de la forme

$$a_n p^n + a_{n+1} p^{n+1} + \cdots, \qquad 0 \leqslant a_i < p-1,$$

où n est un entier fixe.

V étant infini et a_n parcourant un ensemble fini, il existe un sous-ensemble infini V' de V dont tous les éléments possèdent un développement en série commençant avec le même terme $a_n^0 p^n$. On construit de la même façon un sous-ensemble infini $V'' \subset V'$ dont les séries correspondantes aux éléments possèdent le même terme $a_{n+1}^0 p^{n+1}$. Continuant ce procédé, on trouve une suite $a_n^0, a_{n+1}^0, \ldots$ et la suite convergente

$$\sum_{n}^{\infty} a_i^0 p^i$$

est un point d'accumulation de V.

Pour plus de renseignements sur le développement en série des éléments de $\mathbf{Q}_p$ voir [117]; on y considère des systèmes de représentants multiplicatifs.

1.3. Comme en analyse réelle ou complexe on considère en analyse non-archimédienne des séries ordonnées suivant les puissances d'un élément $x \in K$, donc les séries de la forme $\sum_{0}^{\infty} a_n X^n$, où $a_n \in K$. La théorie de la convergence d'une telle série pour des valeurs $x \in K$ se développe comme en analyse classique. Par comparaison avec la série réelle $\sum |a_n| X^n$, on trouve que la série converge pour des valeurs de $x \in K$ telles que $|x| < r$ et diverge pour $|x| > r$, où

$$r = \frac{1}{\varlimsup\limits_{n \to \infty} |a_n|^{1/n}}.$$

Pour $|x| = r$ la série converge si et seulement si $\lim |a_n| r^n = 0$.

Il faut noter cependant qu'on n'est pas sur que r appartient au groupe des valeurs G de K, c'est à dire qu'il existe $x \in K$ tel que $|x| = r$. C'est un phénomène que nous retrouverons d'une autre manière dans les espaces normés non-archimédiens sur K.

Exemple; la fonction exponentielle p-adique. Considérons dans $\mathbf{Q}_p$ la fonction

$$E(x) = \sum_{n=0}^{\infty} \frac{x^n}{n!}.$$

Pour calculer le rayon de convergence r, il faut une formule pour $|n!|$. Or, si $n = a_0 + a_1 p + \cdots + a_r p^r$, $0 \leqslant a_i \leqslant p-1$, on a

$$|n!| = \left[\frac{n}{p}\right] + \cdots + \left[\frac{n}{p^r}\right] = \frac{n - S_n}{p-1},$$

où

$$S_n = \sum_{i=0}^{r} a_i.$$

On démontre alors facilement que

$$r = p^{-\frac{1}{p-1}}.$$

La série converge pour $|x| < r$ et on démontre qu'elle est divergente pour $|x| \geqslant r$.

Pour $p = 2$ on a $r \in G$. Pour $p > 2$, r n'appartient pas à G et on voit que dans ce cas la série est convergente si et seulement si x appartient à l'idéal maximal $\mathfrak{p}$ de l'anneau des entiers, c'est à dire pour $|x| < 1$. Pour tout x, y appartenant au domaine de convergence on a

$$E(x + y) = E(x) E(y).$$

Pour cela, posons

$$E_n(x) = \sum_0^n \frac{x^k}{k!}, \quad E_n(y) = \sum_0^n \frac{y^k}{k!}, \quad E_n(x + y) = \sum_0^n \frac{(x+y)^k}{k!}.$$

On a

$$E_{2n}(x+y) - E_n(x)E_n(y) = \left\{ \sum \frac{x^l y^k}{l!\,k!}; \; k+1 \leqslant 2n, \; l > n \text{ ou } k > n \right\}$$

et on en dérive

$$\lim(E_{2n}(x+y) - E_n(x)E_n(y)) = 0.$$

Il s'ensuit l'égalité désirée. L'application $x \to E(x)$ est donc un homomorphisme du groupe additif de l'idéal maximal p dans le groupe multiplicatif des entiers $\equiv 1 \pmod{p}$.

On définit *la fonction logarithmique p-adique* par

$$\log(1+x) = \sum_{n=1}^{\infty} \frac{(-1)^{n-1} x^n}{n}.$$

On démontre que cette série converge pour $|x| < 1$. On a les propriétés suivantes:

(a) $\log(1+x_1)(1+x_2) = \log(1+x_1) + \log(1+x_2)$ pour $|x_1| < 1$, $|x_2| < 1$.

(b) $\qquad\qquad\qquad E(\log(1+x)) = 1 + x$

pour $|x| < p^{-\frac{1}{p-1}}$.

(c) $\qquad\qquad\qquad \log E(x) = x$.

Il s'ensuit la propriété remarquable que l'application $x \to E(x)$ est un isomorphisme (voir [47]).

1.4. Pour une étude détaillée des fonctions élémentaires et pour d'autres développements en séries (par exemple la série binominale) nous renvoyons le lecteur à Hasse [43], Jacobson [47], Bruhat [12].

Mentionnons un article de Raghunatan [100] où cet auteur étudie les fonctions entières sur un corps valué n.a. K; ce sont des fonctions définies par une série $\sum a_n x^n$, $a_n \in K$, telle que

$$|a_n|^{1/n} \to 0 \text{ si } n \to \infty,$$

et qui est donc convergente pour tout $x \in K$.

Parma la littérature plus ancienne mentionnons Loonstra [57].

Dans le paragraphe suivant nous considérons les séries de puissances des variables $x_1, \ldots, x_n \in K$ par rapport aux functions analytiques.

§ 2. Fonctions

2.1. Nous considérons des fonctions définies sur un espace topologique et prenant leurs valeurs dans un corps valué n.a. K.

On définit la continuité d'une telle fonction de la façon usuelle; nous n'y insistons pas. La propriété que l'image d'un ensemble connexe par une application continue est connexe, implique cependant pour une telle fonction quelques propriétés speciales puisque K est totalement discontinu.

Soit X un espace topologique séparé.

2.1.1. Soit f une application continue $X \rightarrow K$. Alors f est constante dans chaque composante connexe de X. C'est évident d'après la remarque précédente.

2.1.2. Soit $U \subset X$ ouvert et fermé. La fonction caractéristique ϕ_U de U est continue.

C'est évident d'après la définition de la continuité.

2.1.3. Soit $f : X \rightarrow K$ continue. Alors $|f|$ est localement constante en chaque point $a \in X$ où $f(a) \neq 0$.

Soit $0 < \varepsilon < |f(a)|$. Il existe un voisinage U_a de a tel que

$$|f(x) - f(a)| < \varepsilon \quad \text{pour } x \in U_a.$$

Alors on a

$$|f(x)| = |f(x) - f(a) + f(a)| = \max(|f(x) - f(a)|, |f(a)|) = |f(a)|$$

pour tout $x \in U_a$.

2.1.4. Soit $f : X \rightarrow K$ continue. Pour tout $C > 0$ les ensembles $V = \{x \in X \,|\, |f(x)| < C\}$ et $V' = \{x \in X \,|\, |f(x)| \leqslant C\}$ sont à la fois ouverts et fermés.

En effet, ces ensembles sont des images réciproques d'ensembles à la fois ouverts et fermés de K.

2.1.5. Quant à l'existence de fonctions continues on a le théorème suivant.

Soit X un espace topologique séparé localement compact. Soit $C(X)$ l'ensemble des fonctions continues $X \rightarrow K$ à support compact.

Théorème 1. *Pour que les fonctions de $C(X)$ séparent les points de X il faut et il suffit que X ait la dimension 0.*

Démonstration. (i) Supposons que X ait la dimension 0. Prenons deux points distincts $x, y \in X$. Puisque la dimension de X est 0, il existe des voisinages ouverts et fermés de x arbitrairement petits. Comme X est localement compact, ceci implique l'existence d'un voisinage ouvert et compact U de x tel que $y \notin U$. La fonction caractéristique ϕ_U de U est un élément de $C(X)$ et sépare x et y.

(ii) Remarquons d'abord qu'un espace X localement compact est de dimension 0 si et seulement si l'on peut séparer deux points quelconques de X. C'est à dire lorsque $x, y \in X$, $x \neq y$, il existe un ensemble $U \subset X$, ouvert et fermé, tel que $x \in U$, $y \notin U$ (pour une démonstration voir [44];

l'hypothèse de séparabilité dans cette démonstration est superflue). Supposons alors que les fonctions de $C(X)$ séparent les points de X. Soient $x, y \in X$, $x \neq y$. Il existe $f \in C(X)$ telle que $f(x) \neq f(y)$. Soit

$$U = \{z \in X \,|\, |f(x) - f(z)| < |f(x) - f(y)|\}\;.$$

Comme dans 2.4 on voit que U est ouvert et fermé; $x \in U$ et $y \notin U$.

2.2. Quant à l'approximation des fonctions de $C(X)$ on a le théorème général de Stone-Weierstrass.

Théorème 2. *Soit A une sous-algèbre de $C(X)$ telle que les fonctions de A séparent les points de X. Alors toute $f \in C(X)$ est adhérent à A pour la topologie de la convergence uniforme sur X.*[2]

Pour la démonstration voir [49].

L'espace $C(X)$ est important pour la théorie de l'intégration que nous traiterons dans le chapitre VI.

2.3. Fonctions analytiques. En prenant pour l'espace topologique X le corps K (ou l'espace K^n lorsqu'on veut étudier les fonctions de n variables) on peut considérer les fonctions définies par une série de puissances comme dans 1.3. C'est l'étude des fonctions analytiques, donc de fonctions qui sont définies par des séries de puissances localement convergentes, de la même manière que dans le domaine complexe. En analyse non-archimédienne cette voie ne conduit pas à une théorie satisfaisante puisque la méthode du prolongement analytique ne donne aucun résultat. Soit

$$f(x) = \sum_0^\infty a_n x^n, \qquad a_n \in K\;,$$

et supposons que la série converge pour $|x| < R$.

Prenons $|x_0| < R$. D'après la méthode classique il s'agit alors de développer f en une série de puissances dans un «cercle» de centre x_0:

$$\sum_0^\infty b_n (x - x_0)^n\;.$$

On démontre que les séries ont le même rayon de convergence et on voit facilement que les ensembles $\{x \,|\, |x| < R\}$ et $\{x \,|\, |x - x_0| < R\}$ sont identiques (De Groot [36]).

Il n'a donc pas de sens de définir dans un domaine $\Omega \subset K$ une fonction holomorphe f à valeurs dans K par la condition que dans chaque $x \in \Omega$, f est localement définie par une série de puissances. On a la même situation pour les fonctions de n variables. Par cette voie on obtiendrait «trop de fonctions analytiques».

---

[2] Ce théorème subsiste encore pour les fonctions continues nulles à l'infini.

2.3.1. Une théorie de fonctions analytiques non-archimédiennes fut développée avec d'autres moyens, qui ont un caractère plus algébrique que la méthode classique. Considérons l'ensemble des séries convergentes de puissances en n variables $x_1, \ldots, x_n \in K$

$$f = \sum a_{k_1 \ldots k_n} x_1^{k_1} \cdot \cdots \cdot x_n^{k_n}.$$

C'est une K-algèbre qu'on désigne par $K_n = K \langle x_1, \ldots, x_n \rangle$. Le domaine de convergence d'une telle série est un sous-ensemble de l'espace produit K^n, qui devient un espace de Banach n.a. en posant pour $x = (x_1, \ldots, x_n)$, $x_i \in K$,

$$\|x\| = \max_{1 \leq i \leq n} |x_i|$$

(voir le chapitre III).

Soit $t = (t_1, \ldots, t_n) \in G^n$, G étant le groupe des valeurs de K. Posons

$$T_n(t) = \left\{ f = \sum_0^\infty a_{k_1 \ldots k_n} x_1^{k_1} \cdot \cdots \cdot x_n^{k_n} \,\middle|\, \lim |a_{k_1 \ldots k_n}| t_1^{k_1} \cdot \cdots \cdot t_n^{k_n} = 0 \right\}$$

On a

$$K \langle x_1, \ldots, x_n \rangle = \bigcup_{t \in G^n} T_n(t).$$

En posant

$$\|f\|_t = \max(|a_{k_1 \ldots k_n}| t^{k_1} \cdot \cdots \cdot t_n^{k_n})$$

on définit une norme n.a. sur $T_n(t)$; ainsi $T_n(t)$ est une K-algèbre de Banach. Nous reviendrons encore à la définition d'une topologie sur K_n.

Une série de puissances en $x_1, \ldots, x_n$ est appelée *strictement convergente* si $\lim a_{k_1 \ldots k_n} = 0$. Le domaine de convergence d'une telle série contient l'ensemble

$$\{(c_1, \ldots, c_n) \in K^n \,|\, |c_i| \leqslant 1, \; i = 1, \ldots, n\}.$$

L'ensemble $T_n = K \lll x_1, \ldots, x_n \ggg$ des séries strictement convergentes est une sous-algèbre de $K \langle x_1, \ldots, x_n \rangle$ et devient une K-algèbre de Banach en posant

$$\|f\| = \max |a_{k_1 \ldots k_n}|.$$

Moyennant ces définitions, une théorie des fonctions analytiques de n variables se réduit à la théorie des ces algèbres. Il est important que T_n est un anneau noetherien. On introduit les *algèbres affinoides*, ce sont des quotients de T_n. Nous nous limitons à ces remarques et renvoyons le lecteur à la litterature étendue (voir [7], [30], [31], [32], [33], [34], [35], [41], [50], [51], [52], [91], [92], [105], [123].

2.3.2. Il semble que la thèse de Schöbe (1930; voir [113]) est un des premiers travaux sur la théorie générale des fonctions prenant leurs valeurs dans un corps valué non-archimédien. Nous mentionnons quelques résultats dans ce domaine.

(a) Mme. Amice [1] a fait une étude des problèmes d'interpolation dans le domaine p-adique; elle considère aussi des fonctions analytiques d'une ou de plusieurs variables et des séries de Laurent (séries orthogonales).

(b) Beaucoup de résultats sur la théorie des fonctions analytiques d'une variable dans un corps valué n.a., analogues à ceux de l'analyse complexe classique, se trouvent dans un travail de Güntzer [40]; mentionnons par exemple le principe du maximum et le théorème de Liouville en analyse n.a. Pour une généralisation du principe du maximum pour certaines applications dans les espaces normés n.a. voir Monna [85].

(c) Mentionnons les travaux de Dwork ([21], [22], [23]), où l'on trouvera une bibliographie supplémentaire) sur les fonctions zêta d'une variété algébrique, utilisant l'analyse p-adique. Dans leurs recherches, Serre et Dwork font usage du théorème intéressant suivant [115].

Considérons une série formelle

$$F(T) = \sum_{s=0}^{\infty} A_s T^s.$$

Supposons que les A_s sont entiers. On peut alors considérer la valeur absolue usuelle $|A_s|$ et, étant donné un premier p, la valeur p-adique $|A_s|_p$. Soit alors Ω un corps valué complet, algébriquement clos, contenant $\mathbf{Q}_p$ et dont la valeur absolue prolonge celle de $\mathbf{Q}_p$. Une série

$$f = \sum_{i=0}^{\infty} a_i t^i, \qquad a_i \in \Omega,$$

sera appelée holomorphe dans le disque $|t|_p < r$ sie elle converge absolument dans ce disque; un quotient de deux telles séries sera appelé une fonction méromorphe. Dwork démontre alors le théorème suivant.

Soit $F = \sum_0^{\infty} A_s t^s$ une série à coefficients entiers; soit p un nombre premier. Supposons qu'il existe deux nombres réels positifs R et r, avec $R\,r > 1$, tels que F, considérée dans le corps complexe $\mathbf{C}$, soit convergente dans le disque $|z| < R (z \in \mathbf{C})$ et, considérée dans Ω, soit méromorphe dans le disque $|z|_p < r$ de Ω. Alors F est rationelle.

Ce théorème est lié à un théorème classique de E. Borel–J. Hadamard [6] sur la rationalité de certaines séries de puissances.

(d) Lazard [56] a étudié les séries de Laurent $\sum_{n \in \mathbf{Z}} a_n T^n$ à coefficients dans un corps valué n.a. complet K. On peut d'abord considérer une telle série du point de vue formelle, c'est à dire on identifie la série à la suite des a_n. Mais on peut remplacer T par un élément $x \in K$ lorsque la série $\sum a_n x^n$ converge. Lazard a obtenu des résultats sur les zéros de la fonction représentée par une telle série convergente. Nous mentionnons

quelques-uns de ses résultats dont nous avons besoin pour une théorie
des functions elliptiques p-adiques.

Soit

$$f = \sum_{n \in \mathbf{Z}} a_n T^n$$

une série de Laurent formelle sur K. Posons

$$|f|_\rho = \sup_n |a_n| \rho^n$$

pour $0 \leqslant \rho \leqslant \infty$ (nous renvoyons le lecteur à [56] pour des précisions
concernant les cas $\rho = 0$ et $\rho = \infty$). On sait que la série $\sum a_n x^n$ converge
pour $|x| = \rho$ si et seulement si

$$\lim_{n \to \infty} |a_n| \rho^n = 0 .$$

On a alors $|f|_\rho < \infty$. Désignons par $\mathrm{conv}(f)$ le domaine de convergence
de f. C'est un intervalle de $\mathbf{R}_+$ que nous supposerons non-vide. Soit I un
intervalle de $\mathbf{R}_+$. Posons

$$L_K(I) = \{ f \mid f \text{ converge dans } I \} .$$

Soient $f \neq 0$ et $\rho \in \mathrm{conv}(f)$. Nous notons $n_\rho(f)$ (resp. $N_\rho(f)$) le plus
petit (resp. le plus grand) entier i tel que $|f|_\rho = |a_i| \rho^i$. Lazard démontre les
propriétés suivantes.

(i) $L_K(I)$ est un anneau intègre pour l'addition et la multiplication
usuelle.

(ii) Si $\rho \in I$ on a

$$|fg|_\rho = |f|_\rho |g|_\rho ,$$
$$N_\rho(fg) = N_\rho(f) + N_\rho(g) ,$$
$$n_\rho(fg) = n_\rho(f) + n_\rho(g) .$$

(iii) Soit $0 \neq f \in L_K[a,b]$, $0 < a \leqslant b < \infty$. Alors
(a) f est inversible dans $L_K[a,b]$ si et seulement si

$$N_b(f) = n_a(f) .$$

(b) Il existe un polynôme $P \in K[T]$ de degré

$$N_b(f) - n_a(f)$$

et un élément inversible f^* de $L_K[a,b]$ tels que $f = P f^*$; ces conditions
déterminent P et f^* à un facteur constant près.

Remarquons qu'il s'ensuit que, si $f = 0$ (comme fonction), tous les
a_n sont 0. C'est le théorème d'identité pour des séries de Laurent (la
démonstration usuelle de l'analyse complexe au moyen de l'intégrale de
Cauchy ne s'applique pas dans le cas non-archimédien).

Lazard a utilisé ces résultats pour obtenir des propriétés concernant les zéros d'une fonction $f \in L_K[a,b]$.

2.3.3. Nous allons appliquer ces théorèmes pour une théorie des *fonctions elliptiques p-adiques*.

Soit K un corps muni d'une valuation discrète; supposons K complet. Désignons par $D_{a,b}(K)$ l'ensemble («couronne»)

$$\{x \in K \mid a \le |x| \le b\},$$
$$0 < a < b < \infty.$$

(1) Rappelons qu'une série de Laurent sur $D_{a,b}(K)$ est une fonction $f : D_{a,b}(K) \to K$, donnée par une série

$$f(x) = \sum_{n \in \mathbb{Z}} a_n x^n \qquad (a_n \in K)$$

qui converge sur $D_{a,b}(K)$.

(2) Appelons *fonction entière sur K^** une fonction $f : K^* \to K$, donnée par une série de Laurent convergente sur K^*.

Définissons une *fonction méromorphe* f sur K^* de la façon suivante. Il existe un ensemble discret $S \subset K^*$ (c'est à dire chaque $D_{a,b}(K)$ ne contient qu'un nombre fini d'éléments de S) tel que f soit défini sur $K^* - S$ et tel que pour tout $D_{a,b}(K)$ il existe une série de Laurent $f_{a,b}$ et un polynôme $P_{a,b} \ne 0$ avec

$$P_{a,b}(x) \cdot f(x) = f_{a,b}(x), \qquad (x \in D_{a,b}(K) - S)$$

les éléments de S appartenant à l'ensemble des zéros de $P_{a,b}$ (a et b convenablement choisi).

Les fonctions méromorphes sur K^* forment un corps.

(3) Il est clair comment il faut définir les zéros et les pôles d'une fonction méromorphe.

Bien entendu, pour que ces points appartiennent au corps, il sera nécessaire d'admettre des extensions finies du corps K.

(4) Fixons $q \in K^*$ avec $0 < |q| < 1$.

Définitions. (a) *Une fonction elliptique sur K^* avec période q est une fonction méromorphe f sur K^* telle que*

$$f(qx) = f(x),$$

pourvu que les deux membres soient définis.

(b) *Soient $a \in K^*$ et $g \in \mathbb{Z}$. Une fonction-θ sur K^* avec période q et du type (a, g) est une fonction entière f sur K^* telle que*

$$f(qx) = ax^{-g} f(x) \qquad (x \in K^*).$$

g sera appelé le *degré* de f.

Il s'ensuit de ces définitions que les zéros et les pôles d'une fonction elliptique (respectivement les zéros d'une fonction-θ) sont les éléments $(q^n c)_{n \in \mathbf{Z}}$, où c parcourt un ensemble fini dans une extension finie de K.

(5) *Une fonction elliptique entière est constante.*

En effet, une telle fonction s'écrit comme série de Laurent

$$f(x) = \sum_{n \in \mathbf{Z}} a_n x^n,$$

convergente pour tout $x \neq 0$. La relation $f(qx) = f(x)$ entraîne $a_n q^n = a_n$, donc $a_n = 0$ pour $n \neq 0$.

(6) *Pour tout* $a \in K^*$ *il existe une fonction-$\theta \neq 0$, noté θ_a, admettant des zéros d'ordre 1 dans les points* $q^n a$ $(n \in \mathbf{Z})$ *et n'ayant pas d'autres zéros. θ_a est du type* $(-a, -1)$.

Prenons

$$\theta_a(x) = (1 - a^{-1} x) \prod_{n=1}^{\infty} (1 - a^{-1} q^n x)(1 - a q^n x^{-1}).$$

On vérifie que ce produit est convergent et que la fonction ainsi définie vérifie les conditions.

(7) *Une fonction-θ non constante a le degré* $g > 0$.

Soit f une fonction-θ du type (a, g), $f(x) = \sum a_n x^n$. On a

$$a_n q^n = a \, a_{n+g},$$

ce qui entraîne

$$a_{kg+l} = a^{-k} q^{kl + \frac{k(k-1)}{2} g} a_l, \qquad (0 \leqslant l < |g|).$$

La convergence de la série entraîne que cela n'est possible que si $g > 0$, ou, si $g = 0$, pour f constant.

(8) *Une fonction-θ sans zéros est constante.*

Soit f une fonction-θ sans zéros. Par une application du théorème de Lazard (voir ci-dessus résultat (iii)) on voit qu'on peut s'arranger au moyen d'une multiplication par une puissance convenable de x, que

$$f(x) = \sum_{n \in \mathbf{Z}} a_n x^n$$

et, pour un choix convenable de $D_{a,b}(K)$,

$$|a_n| \, |b|^n < |a_0| \qquad (n \neq 0).$$

Il s'ensuit

$$|b|^{g+l} |a^{-1} q^l a_l| < |a_0| \qquad (0 \leqslant l < g),$$

ce qui n'est possible que si $a_l = 0$. Donc, d'après (7), $a_n = 0$ pour tout $n \neq 0$.

(9) **Corollaire.** *La fonction θ_a de (6) est unique à une constante près.*

Soit f une fonction-θ avec les zéros $q^n a$. Alors $\theta_a^{-1} f$ est une fonction-θ sans zéros, donc constante d'après (8).

(10) Soit f une fonction elliptique. Supposons que $a_1, \ldots, a_m$ soient les zéros et $b_1, \ldots, b_n$ soient les pôles de f dans $|q| < |x| \leqslant 1$ (pris avec les multiplicités). On a

$$f(x) = \prod_{i=1}^{m} \theta_{a_i}(x) \prod_{j=1}^{n} \theta_{b_j}(x)^{-1} \cdot g(x),$$

où g est alors une fonction-θ sans zéros. Il suit de (8) que g est donc constant.

On en tire que *le nombre des zéros d'une fonction elliptique dans* $|q| < |x| \leqslant 1$ *est égal au nombre des pôles dans ce domaine et, si a_i sont les zéros et b_j sont les pôles*

$$\prod_{1}^{n} a_i \prod_{1}^{n} b_j^{-1} = 1.$$

En considérant $f - a (a \in K)$ il s'ensuit encore qu'une telle fonction prend chaque valeur $a \in K$ dans $|q| < |x| \leqslant 1$ avec la multiplicité n.

(11) *Une fonction-θ de degré g a g zéros dans le domaine* $|q| < |x| \leqslant 1$. Même démonstration.

(12) On peut maintenant traiter les courbes elliptiques sur K comme en analyse complexe. Supposons que la caractéristique de K est $\neq 2$ et $\neq 3$.

On peut d'ailleurs se débarasser de cette restriction.

Posons

$$u(x) = \sum_{-\infty}^{+\infty} \frac{q^m x}{(1 - q^m x)^2} - 2 \sum_{1}^{\infty} \frac{q^m}{(1 - q^m)^2}.$$

Par un calcul élémentaire on trouve

(1) $\qquad u(x) = \dfrac{1}{x + x^{-1} - 2} + \displaystyle\sum_{m=1}^{\infty} \sum_{n=1}^{\infty} (n q^{mn} x^n + n q^{mn} x^{-n} - 2 n q^{mn}).$

Puisque $|q| < 1$, il s'ensuit que u est défini pour tout $x \in K^*$. Définissons de la même façon pour $x \in K^*$

(2) $\qquad v(x) = \displaystyle\sum_{-\infty}^{+\infty} \frac{(q^m x)^2}{(1 - q^m x)^3} + \sum_{1}^{\infty} \frac{q^m}{(1 - q^m)^2}.$

Posons

$$g_2 = \frac{1}{12} + 20 \sum_{1}^{\infty} \frac{n^3 q^n}{1 - q^n},$$

$$b_2 = \frac{1}{4} g_2 - \frac{1}{12},$$

$$g_3 = \frac{-1}{216} + \frac{7}{3} \sum_1^\infty \frac{n^5 q^n}{1-q^n},$$

$$b_3 = \frac{1}{4} g_3 + \frac{1}{12} g_2 - \frac{1}{432}.$$

Par un calcul élémentaire on prouve que b_2 et b_3 sont des séries de puissances en q avec coefficients entiers.

Par un réarrangement des séries on vérifie

(3) $v(x^{-1}) + v(x) = -u(x);$

u et v sont des fonctions elliptiques avec période q.

Remarquons maintenant que les séries (1) et (2) gardent leur sens si x est une variable complexe; la convergence pour $x \in \mathbf{C}^*$ se voit par comparaison avec une série géométrique. Dans ce cas on a, en posant $x = e^z$,

$$\wp(z) = u(x) + \frac{1}{12},$$

$$\wp'(z) = u(x) + 2v(x).$$

Utilisant l'identité

$$\wp'^2 = 4\wp^3 - g_2 \wp - g_3,$$

on vérifie (en analyse complexe) l'identité

(4) $v^2 + uv = u^3 - b_2 u - b_3.$

Il s'ensuit, les coefficients de b_2 et b_3 étant des entiers, que (4) subsiste si la variable x appartient à K^*. Ainsi, (4) définit une courbe elliptique sur K^*. Il s'agit alors de démontrer que l'application

$$x \rightarrow (u(x), v(x)), \qquad x \in K^*,$$

définit une paramétrisation de cette courbe. Cela résulte du théorème suivant.

Théorème (Tate). *Soient u, v, b_2, b_3 comme ci-dessus. Sie a et b sont des éléments de K, satisfaisant*

(5) $b^2 + ab = a^3 - b_2 a - b_3,$

alors il existe $x \in K^*$ tel que $u(x) = a$, $v(x) = b$.

Nous nous bornerons au cas où la caractéristique de K est différente de 2. D'après (10) $u - a$ est une fonction elliptique, ayant deux zéros x_1, x_2 avec $|q| < |x_i| \leqslant 1$ $(i = 1, 2)$ et tels que $x_1 x_2 = 1$. Il faut démontrer que $x_i \in K$. Supposons $K(x_1) \neq K$. Alors le résultat de Lazard (voir ci-dessus (iii)) montre que $K(x_1)$ est une extension quadratique séparable de K. Soit S l'automorphisme nontrivial de $K(x_1)/K$. Alors on a $S x_1 = q^m x_1$ ou $S x_1 = q^m x_1^{-1}$. Le premier cas est impossible (comme $|q| < 1$), donc $x_1 \cdot S x_1 = q^m$.

D'après l'identité (3) on a

$$v(x_1) + v(S x_1) = -u(x_1) = -a.$$

Or, il suit de (4) et (5) qu'on a

$$v(x_1) = v(S x_1) = b \quad \text{ou}$$
$$v(x_1) = v(S x_1) = -b - a.$$

Le dernier cas entraîne $2b = -a$. Ceci démontre le théorème si $a \neq 2b$. Le cas $a = -2b$ s'obtient par un argument de continuité.

On peut démontrer qu'il existe une bijection de l'ensemble des points (u, v) avec coördonnés dans K de la courbe, représentée par l'équation (4), sur K^*/C, où C est le groupe cyclique engendré par q.

2.4. Dérivation. La dérivée d'une fonction $f : K \to K$ se définit de la façon usuelle:

$$f'(x) = \lim_{h \to 0} \frac{f(x+h) - f(x)}{h}.$$

Cependant, en cherchant à construire une théorie, analogue à la théorie des fonctions réelles, on rencontre des difficultés.

Il existe une infinité de fonctions non-constantes $K \to K$ *qui sont dérivables en tout point de K et ont partout la dérivée* 0.

Il suffit de prendre la fonction caractéristique d'un ensemble $U \subset K$ ouvert et fermé.

Exemple dans $\mathbf{Q}_p$ (Dieudonné [17]). Soit f la fonction, définie sur l'anneau des entiers par:

$$f(x) = a_0 + a_1 p^2 + a_2 p^4 + \cdots$$

si $x = a_0 + a_1 p + a_2 p^2 + \cdots$.

On voit que f n'est constante en n'aucun intervalle $|x - y| \leqslant p^k$. Pour $|x - y| = p^{-n}$ on a

$$|f(x) - f(y)| \leqslant p^{-2n} = p^{-n} |x - y|,$$

donc

$$f'(x) = \lim_{y \to x} \frac{f(x) - f(y)}{x - y} = 0.$$

f a donc la dérivée 0 partout sur l'anneau des entiers.

Mentionnons un article de Schikhof [110]. L'auteur y étudie des problèmes de dérivation d'applications d'un espace de Banach n.a. B dans un espace de Banach n.a. B'; pour quelques résultats voir le chapitre VII.

2.5. Intégration. Nous ne ferons dans ce chapitre que quelques remarques; nous traiterons l'intégration dans le chapitre VI, où nous ferons usage de la théorie des espaces de Banach n. a.

2.5.1. Considérons les fonctions, définies sur K et prenant leurs valeurs dans K.

L'intégrale d'une telle fonction et la mesure d'un ensemble seront des éléments de K. En cherchant à suivre la méthode classique, par exemple la méthode de l'intégrale de Riemann, on rencontre des difficultés dans la définition des partitions puisque K est totalement discontinu et n'est pas ordonné. Voir cependant un article de Tomás [128]; comparer Bruhat [13]. C'est pour cela que nous donnerons dans le chapitre VI une théorie de l'intégration selon la méthode moderne, considérant une intégrale comme une forme linéaire. Cette méthode permet de considérer des fonctions, définies sur un espace ou sur un groupe topologique. Nous y considérons aussi les mesures de Haar à valeurs dans K.

D'ailleurs, on a étudié la méthode classique de l'intégration qui consiste à la recherche d'une fonction primitive d'une fonction donnée. Voir par exemple Loonstra [58] pour la définition d'une fonction primitive d'une fonction, définie par une série de puissances convergente.

Une telle théorie, appartenant à la théorie générale des équations differentielles, n'est pas très satisfaisante à cause du fait qu'il existe alors une infinité de primitives, passant par un même point.

Dieudonné [17] a démontré l'existence d'une solution de l'équation $f'(x) = F(x,f)$ lorsque F est continu en x et f.

Van der Put [94] a étudié, utilisant la théorie des espaces de Banach n. a. (voir le chapitre III), les équations differentielles linéaires. Mentionnons qu'il démontre que, dans la théorie non-archimédienne, les fonctions dont la dérivée est partout 0 prennent la place des constantes de la théorie des équations différentielles réelles.

Mentionnons enfin la définition de la notion d'intégrale dans un travail de Schnirelmann [112].

2.5.2. Remarquons que nous ne nous occupons pas dans ce livre de l'intégration, ou plus général de l'analyse, de fonctions réelles ou complexes, définies sur un corps muni d'une valuation non-archimédienne, par exemple sur Q_p. Ce dernier étant localement compact, il existe sur Q_p une mesure de Haar réelle.

Pour une construction de cette mesure comparer [60], [73]. On y dérive la mesure de Haar sur Q_p de celle de $\mathbf{R}$ au moyen d'une application T des nombres p-adiques dans le corps des nombres réels définie ainsi: au nombre p-adique

$$a = \sum_{n \succ -\infty}^{\infty} a_n p^n$$

on fait correspondre le nombre réel

$$T(a) = \sum_{n > -\infty}^{\infty} a_n p^{-n-1}.$$

Pour les propriétés de cette transformation, qui n'est pas bicontinue, voir les articles cités. Au moyen de cette transformation on peut aisément définir une mesure de Haar réelle sur $\mathbf{Q}_p$.

Pour une extension de cette transformation à une classe d'espaces normés n. a. voir [74].

Chapitre III

Espaces vectoriels sur un corps valué non-archimédien

§ 1. Introduction

Bourbaki [8] a donné une définition générale des espaces vectoriels topologiques sur un corps topologique, de sorte qu'il suffit de donner un résumé des définitions principales. Il a établi les propriétés générales de ces espaces, par exemple le théorème fondamental de Banach sur les applications linéaires continues et le théorème du graphe fermé. Cependant, on n'y trouve pas de propriétés spéciales, valable lorsque le corps des scalaires est un corps valué n. a. Par exemple il ne traite pas les questions de convexité et les espaces localement convexes sur un tel corps. C'est ce que nous ferons dans ce livre.

Soit K un corps muni d'une valuation non-archimédienne non-triviale; nous suppons K complet. L'anneau des entiers de K sera désigné par O.

1.1. Définition 1. *Soit E un espace vectoriel sur K. Etant donnée une topologie sur E, on dit que E est un espace vectoriel topologique sur K si:*

(i) *l'application $(x, y) \rightarrow x + y$ de $E \times E$ dans E est continue,*

(ii) *l'application $(a, x) \rightarrow a x$ de $K \times E$ dans E est continue.*

Nous supposons connu les propriétés concernant les voisinages des points de E qui résultent de cette définition.

(i) Une partie V de E est appelée *équilibrée* si pour tout $x \in E$ et tout $|\lambda| \leqslant 1$, $\lambda \in K$, on a $\lambda x \in V$. Il existe toujours un système fondamental de voisinages équilibrés de 0.

(ii) Soient V et W deux parties de E. On dit que V absorbe W s'il existe $a \in \mathbf{R}$, $a > 0$, tel que $W \subset \lambda V$ pour tout $\lambda \in K$, $|\lambda| \geqslant a$. Une partie de E est appelée *absorbante* si elle absorbe toute partie de E réduit à un point.

(iii) Une partie A de E est appelée *bornée* si elle est absorbée par chaque voisinage de 0 dans E.

(iv) On définit la complétion $\hat{E}$ d'un espace E par rapport à la structure uniforme additive comme usuelle.

1.2. Définition 2. *On appelle semi-norme n. a. sur E une application p de E dans $\mathbf{R}$ satisfaisant aux conditions*

(i) $$p(\lambda x) = |\lambda| p(x), \ x \in E, \ \lambda \in K,$$

(ii) $$p(x + y) \leqslant \max(p(x), p(y)), \ x, y \in E.$$

Ces conditions entraînent $p(0) = 0$ et $p(x) \geqslant 0$. On démontre $p(-x) = p(x)$ et $p(x+y) = \max(p(x), p(y))$ si $p(x) \neq p(y)$.

Si $p(x) = 0$ entraîne $x = 0$ on dit que p est une *norme n.a.*; nous la désignons le plus souvent par $\|\cdot\|$.

On appelle *espace normé n.a.* un espace vectoriel topologique sur K dont la topologie peut être définie par une norme n.a. Si de plus l'espace est complet, on l'appelle un *espace de Banach n.a.*

Remarques. 1. Nous dirons qu'une application $\|\cdot\|$ de E dans $\mathbf{R}$ est une norme si elle satisfait l'inégalité usuelle $\|x+y\| \leqslant \|x\| + \|y\|$. Un espace normé n.a. est normé, mais la réciproque n'est pas vraie.

2. Pour que la norme dans un espace normé sur un corps valué K satisfasse à l'inégalité $\|x+y\| \leqslant \max(\|x\|, \|y\|)$ pour tout $x, y \in E$, il faut que la valuation de K soit n.a. En effet, il s'ensuit $|n| \leqslant 1$.

3. Soit K un corps valué n.a. et supposons que la caracteristique de K soit 0. Soit E un espace normé sur K et supposons qu'il n'existe aucun $x, y \in E$, $x, y \neq 0$, tel que

$$\|x+y\| \leqslant \max(\|x\|, \|y\|).$$

On a donc pour tout x, y

$$\max(\|x\|, \|y\|) < \|x+y\| \leqslant \|x\| + \|y\|.$$

En prenant $x = y$, on obtient $|2| > 1$ et, en général $|n| > 1$, ce qui donne une contradiction.

Il s'ensuit qu'il faut distinguer deux cas.

A. Les espaces normés tels que $\|x+y\| \leqslant \max(\|x\|, \|y\|)$ pour tout x et y. Ce sont les espaces que nous considérons dans ce livre, donc les espaces normés n.a.

B. Les espaces normés dans lesquels il existe x, y tels que l'inégalité forte est fausse.

Il existe de tels espaces; nous donnerons un exemple plus tard. Les propriétés générales des espaces de cette classe ne sont pas étudiées. Pour quelques cas spéciaux voir ([61], [62]).

1.3. On sait que la topologie d'un espace vectoriel topologique est métrisable si et seulement s'il existe un système fondamental dénombrable de voisinages de 0. La topologie et la structure uniforme sont alors définies par une métrique invariante:

$$d(x, y) = d(x-y, 0) = \|x-y\|_F.$$

Voir Bourbaki [8].

Nous disons que la F-norme $\|\cdot\|_F$ est non-archimédienne si elle satisfait à l'inégalité

$$\|x+y\|_F \leqslant \max(\|x\|_F, \|y\|_F).$$

Rappelons qu'on a

(i) $$\|\lambda x\|_F \leqslant \|x\|_F \quad \text{pour tout } |\lambda| \leqslant 1,$$

(ii) $$\lambda_n \to 0 \Rightarrow \|\lambda_n x\|_F \to 0 (x \in E),$$

(iii) $$x_n \to 0 \Rightarrow \|\lambda x_n\|_F \to 0 (\lambda \in K).$$

On peut démontrer qu'une condition nécessaire et suffisante pour que $\|\cdot\|_F$ soit n.a. est qu'il existe un système fondamental dénombrable $\mathscr{U}$ de voisinages U de 0 tel que $U + U \subset U$ pour chaque $U \in \mathscr{U}$. Pour une démonstration voir [78].

Remarque. Plus général on dit que la métrique d dans un espace métrisable est n.a. si

$$d(x, y) \leqslant \max(d(x, z), d(z, y))$$

pour tout $x, y, z \in E$. Pour une discussion de ces métriques voir [71].

On peut même définir une notion «non-archimédienne» dans les espaces uniformes. On dit que la structure uniforme est non-archimédienne s'il existe un système fondamental $\mathscr{E}$ d'entourages tel que $\omega^2 \subset \omega$ pour tout $\omega \subset \mathscr{E}$. Cela est équivalent à dire que la structure est définie par une famille de relations d'équivalences sur E.

Pour une discussion de ces structures, en particulier pour une définition des entourages au moyen d'un système d'écarts n.a., voir [71].

1.4. *Quelques exemples.* (i) L'espace K^n des éléments $x = (x_1, \ldots, x_n)$, $x_i \in K$, muni de la topologie induite par la norme n.a.

$$\|x\| = \max_{1 \leq i \leq n} |x_i|$$

est un espace de Banach n.a.

(ii) L'espace l^∞ dont les éléments sont les suites bornées $(x_i)_{i \in \mathbf{N}}$, $x_i \in K$, $\sup_i |x_i| < \infty$, muni de la norme n.a.

$$\|x\| = \sup_i |x_i|,$$

est un espace de Banach n.a.

(iii) L'espace S_c des suites convergentes dans K, muni de la même norme que dans l'exemple (ii), est un espace de Banach n.a.

L'espace de Banach n.a. des suites (x_i), convergentes vers 0, sera désigné par c_0.

(iv) Soit I un ensemble et soit $c(I)$ l'ensemble des familles $x = (x_i)_{i \in I}$, $x_i \in K$, telles que $x_i \to 0$ si $i \to \infty$, c'est à dire telles que x_i tende vers 0 suivant le filtre des complémentaires des parties finies de I. Posons $\|x\| = \sup_{i \in I} |x_i|$. Alors, ainsi normé, $c(I)$ est un espace de Banach n.a.

(v) Soit X un espace localement compact séparé de dimension 0. Soit $C(X)$ l'espace linéaire des fonctions continues $X \to K$ à support compact. Posons pour $f \in C(X)$

$$\|f\| = \sup_{x \in X} |f(x)| .$$

$\|f\|$ est une norme n.a. et, muni de cette norme $C(X)$ est un espace normé n.a.

(vi) L'espace des séries de puissances en n indéterminés $X_1, \ldots, X_n$ strictement convergentes est un espace de Banach n.a. en définissant la norme $\|f\|$ de

$$f = \sum a_{k_1 \ldots k_n} X_1^{k_1} \ldots X_n^{k_n}$$

par

$$\|f\| = \max_{k_i \geqslant 0} |a_{k_1 \ldots k_n}| .$$

Si

$$g = \sum b_{l_1 \ldots l_n} X_1^{l_1} \ldots X_n^{l_n},$$

on peut démontrer que $f \cdot g$ est aussi une telle série et qu'on a

$$\|f \cdot g\| = \|f\| \cdot \|g\| .$$

Comparer le chapitre II, 2.3.1.

(vii) Un exemple du type B dans 1.2 est le suivant.

Considérons l'ensemble l^1 des suites $x = (x_i)$, $x_i \in K$, telles que $\sum |x_i| < \infty$. On voit aisément que c'est un espace linéaire sur K. On définit une norme sur cet espace en posant

$$\|x\| = \sum_i |x_i| .$$

On vérifie que cette norme n'est pas non-archimédienne.

(viii) Raghunathan [100] a étudié l'espace Ent des fonctions entières (voir le chapitre II, 1.4). Pour

$$f = a_0 + a_1 x + a_2 x^2 + \cdots, \quad f \in \text{Ent} ,$$

nous posons

$$\phi(f) = \sup(|a_0|, |a_n|^{1/n}, n \geqslant 1) .$$

On a $\phi(f) \geqslant 0$ et $\phi(f) = 0$ si et seulement si $f = 0$. On démontre

$$\phi(f+g) \leqslant \max(\phi(f), \phi(g)) ,$$
$$\phi(\lambda f) \leqslant \phi(f) \text{ pour } |\lambda| \leqslant 1 .$$

Ainsi, Ent est un espace vectoriel métrisable, totalement discontinu; ϕ est une F-norme sur Ent. Il n'existe dans cette espace aucune norme qui induite la même topologie que ϕ.

(ix) L'exemple suivant est moins trivial (cf. Dwork [22], Serre [116]).

Supposons que la valuation de K soit discrète. Pour $x \in K$, $x \neq 0$, on a donc $|x| = \rho^{v(x)}$ avec $0 < \rho < 1$, où v est un homomorphisme de K^* sur Z.

Soient n et d deux entiers $\geqslant 1$, et soit $X = (X_0, \ldots, X_{n+1})$ un système de $n + 2$ indéterminées. Soit T la partie de $\mathbf{N}^{n+2}$ formée des $u = (u_0, \ldots, u_{n+1})$ tels que $du_0 = u_1 + \cdots + u_{n+1}$. Si $u \in T$, désignons par X^u le monôme $X_0^{u_0} \ldots X_{n+1}^{u_{n+1}}$. Soient $b \in Z$ et π un élément de K tel que $v(\pi) = b$. Soit alors $L(b)$ l'ensemble des séries

$$f = \sum_{u \in T} a_u X^u, a_u \in K,$$

telles que $|a_u \pi^{-u_0}|$ soit borné. On munit $L(b)$ de la norme n.a.

$$|f| = \sup_{u \in T} |a_u \pi^{-u_0}|.$$

Alors $L(b)$ est un espace de Banach n.a. On démontre qu'il est isomorphe à l'espace $b(T)$ des familles bornées d'éléments de K.

Cet exemple est utilisé par Serre dans la théorie des endomorphismes complètement continus des espaces de Banach p-adiques.

Remarquons que dans les espaces normés n.a. E l'ensemble des valeurs de la norme, c'est à dire l'ensemble $\{\|x\|, x \in E\}$, n'est pas en général un sous-ensemble du groupe des valeurs G de K. C'est à dire, étant donné $x \in E$, il n'existe pas en général un $\lambda \in K$ tel que $\|\lambda x\| = 1$. C'est ce qu'on voit des exemples précédents. Cette situation ne se présente pas dans les espaces normés sur $\mathbf{R}$.

Même si la valuation de K est discrète, il se peut que $\|x\|$ n'appartient pas à G. Donnons l'exemple suivant de cette situation.

(x) Supposons que la valuation de K soit discrète et que le groupe des valeurs soit engendré par le nombre $\rho (0 < \rho < 1)$. Les suites $x = (a_1, a_2, \ldots)$ où $a_i \in K$ et $\lim a_i = 0$, forment un espace linéaire E sur K. Soit $(C_i)_{i \in \mathbf{N}}$ une suite croissante de nombres positifs telle que $\lim C_i = C > 0$.

On définit

$$\|x\| = \max_i |a_i| C_i.$$

On vérifie que c'est une norme n.a. et en définissant une topologie sur l'espace par cette norme, l'espace considéré devient un espace normé n.a. L'ensemble des valeurs $\|x\|$ pour $x \in E$ est la réunion de 0 et de l'ensemble $\bigcup \rho^n C_i$ pour n entier et $i = 1, 2, \ldots$; ce n'est donc pas un sous-ensemble de l'ensemble des valeurs $|a|$, $a \in K$, qui est la réunion de 0 et le groupe cyclique engendré par ρ.

Nous verrons qu'on a la même situation dans les espaces localement convexes, dont nous donnerons la définition plus tard.

§ 2. Ensembles convexes

Soit E un espace vectoriel sur K. Nous aurons besoin de la notion de partie convexe de E. Il est remarquable qu'on peut définir une telle notion bien que K ne soit pas ordonné. Ce sera le point de départ pour une théorie des espaces localement convexes sur K qui ressemble la théorie des espaces localement convexes sur **R**.

2.1. Définition 1. *Une partie A de E est dite convexe lorsque*
$\lambda x + \mu y + \nu z \in A$ *pour tout* $x, y, z \in A$, $\lambda, \mu, \nu \in O$, $\lambda + \mu + \nu = 1$.

Remarque. On trouve dans la littérature la dénomination K-convexe pour indiquer qu'il s'agit d'une notion de convexité par rapport à K. Pour des raisons de simplification nous préférons d'écrire «convexe» tout court. Remarquons que, en écrivant convexe ou localement convexe, cela a toujours rapport à des espaces sur un corps K valué n. a.

Proposition 1. (i) *L'intersection d'une famille de parties convexes est convexe.*

(ii) *La réunion d'une famille filtrante croissante de parties convexes est convexe.*

La démonstration est évidente.

Proposition 2. *Soient E et F deux espaces vectoriels sur K; soit f une application affine de E dans F. Si A est convexe dans E alors $f(A)$ est convexe dans F; si B est convexe dans F alors $f^{-1}(B)$ est convexe dans E.*

Nous supprimons la démonstration facile.

Proposition 3. (i) *Si $A \subset E$ est convexe, $x \in E$, $\lambda \in K$, $x + A$ et λA sont convexes.*

(ii) *Si A et B sont convexes dans E, $A + B$ est convexe dans E.*

Pour la démonstration appliquer la proposition 2.

Proposition 4. *Soit $A \subset E$ et $0 \in A$. Alors A est convexe si et seulement si A est un sous-O-module de E.*

Démonstration. Supposons A convexe. Soient $x, y \in A$, $\lambda, \mu \in O$.
On a
$$\lambda x + \mu y = \lambda x + \mu y + (1 - \lambda - \mu) \cdot 0 .$$

Puisque $1 - \lambda - \mu \in O$, la définition de la convexité entraîne $\lambda x + \mu y \in A$. Supposons que A soit un sous-O-module de E. Pour $x, y, z \in A$, $\lambda, \mu, \nu \in O$, on a $\lambda x + \mu y + \nu z \in A$, de sorte que A est convexe.

Proposition 5. *Soit A une partie convexe non-vide de E. Alors il existe un sous-O-module A_0 unique de E tel que A s'obtient de A_0 par une translation.*

Démonstration. Choisissons un $x \in A$. Alors $A_0 = A - x$ est un convexe contenant 0 donc d'après la proposition 4 un sous-O-module; $A = x + A_0$. Supposons qu'on ait $A = x' + A_0'$. Alors $x + A_0 = x' + A_0'$, donc $x - x' + A_0 = A_0'$ et $x - x' \in A_0'$. Il s'ensuit $A_0 = A_0'$.

Remarques. 1. Pour une partie convexe A contenant 0 on a donc $x, y \in A \Rightarrow \lambda x + \mu y \in A$ pour tout $\lambda, \mu \in K$, $|\lambda| \leqslant 1$, $|\mu| \leqslant 1$. En particulier A est symétrique, cela veut dire $A = -A$. Dans [76] on a pris cette propriété comme définition d'une partie convexe, en tenant compte d'une translation convenable.

2. La démonstration de la proposition 5 montre que la translation n'est pas uniquement déterminée: on peut prendre chaque point $x \in A$. On peut exprimer cela en disant que «chaque point de A peut servir comme centre de A».

3. Carpentier [14] a donné une définition équivalente; il impose, pour tout entier n, une condition analogue pour chaque suite de n points, au lieu de 3 comme dans notre définition; on y trouve une étude détaillée des ensembles convexes.

Exemples. (i) Soit E un espace vectoriel sur K, muni d'une semi-norme n.a. p. Il est évident que les ensembles $\{x \in E | p(x - x_0) < 1\}$ et $\{x \in E | p(x - x_0) \leqslant 1\}$ sont convexes.

(ii) Soit f une forme linéaire sur E, donc $f : E \to K$. L'ensemble $\{x \in E | |f(x)| \leqslant a\}$ est convexe.

Soit $S \subset E$. *L'enveloppe convexe* de S est par définition l'intersection des parties convexes contenant S; nous la désignons par $Co(S)$. C'est un ensemble convexe.

Supposons $0 \in S$; le cas général s'y réduit par une translation. De la façon usuelle on démontre que $Co(S)$ est l'ensemble des combinaisons finies

$$\sum_{i=1}^{n} \lambda_i x_i$$

pour tout $x_i \in S$, tout $n \geqslant 1$ et tout $|\lambda_i| \leqslant 1$.

En particulier l'enveloppe convexe de l'ensemble $\{x, y\}$, $x, y \in E$, est l'ensemble

$$\{\lambda x + (1 - \lambda)y | |\lambda| \leqslant 1\}.$$

Remarque. Dans [81] on a introduit une autre notion de convexité. Un ensemble $S \subset E$ est dit *faiblement convexe* si quelques soient $x, y \in S$

$$\lambda x + (1 - \lambda) y \in S$$

pour tout $\lambda \in K$, $|\lambda| \leqslant 1$.

Il est évident que chaque ensemble convexe est faiblement convexe. Quant à l'inverse on a la propriété suivante. Soit k le corps résiduel de K; soit $\mathbf{F}_2$ le corps à 2 éléments. Alors on a

1. *Si* $\dim E = 1$, *tout ensemble* $S \subset E$ *faiblement convexe est convexe.*
2. *Dans les espaces de dimension* > 1 *la convexité faible entraîne la convexité si et seulement si* $k \neq \mathbf{F}_2$.

Pour la démonstration et un contre-exemple pour le cas $k = \mathbf{F}_2$, voir [81].

Proposition 6. *Tout ensemble convexe* A *de* K, *contenant au moins* 2 *points, est de la forme* $\{x \in K \,|\, |x - x_0| \leqslant a\}$ *ou* $\{x \in K \,|\, |x - x_0| < a\}$ *ou bien* $A = K$.

Démonstration. On peut supposer que $0 \in A$, c'est à dire que A soit un O-module. On a donc $A = O \cdot A$ et

$$A = \bigcup_{x \in A} x O.$$

En tenant compte des propriétés des intervalles dans K, il s'ensuit que A est la réunion d'une famille d'intervalles, totalement ordonnés par inclusion, de sorte que A est K tout entier, ou bien a une des deux formes mentionnées.

2.2. Soit E un espace *vectoriel topologique* sur K. Dans ce cas on peut ajouter quelques propriétés des ensembles convexes à celles de 2.1.

(i) L'adhérence $\bar{A}$ d'un ensemble convexe $A \subset E$ est convexe.

(ii) Si S est ouvert $Co(S)$ est ouvert.

(iii) L'enveloppe convexe fermée d'un ensemble S — c'est à dire l'intersection de tous les ensembles *convexes* et *fermés* contenant S — est identique à $\overline{Co(S)} = \overline{Co(\bar{S})}$.

On peut suivre les démonstrations usuelles.

La proposition suivante donne une propriété des ensembles convexes qui est évidemment fausse dans les espaces vectoriels topologiques sur $\mathbf{R}$.

Proposition 7. *Soit* A *convexe. Alors on a* $A = \mathring{A}$ *ou* $\mathring{A} = \emptyset$, *en désignant par* $\mathring{A}$ *l'intérieur de* A.

Démonstration. On peut supposer que $0 \in A$. Supposons $\mathring{A} \neq \emptyset$. Soit $x \in \mathring{A}$; soit U un voisinage de 0 tel que $x + U \subset A$. En tenant compte de de la définition des ensembles convexes on voit que pour tout $y \in A$ on a $y + U = y - x + x + U \subset A$, de sorte que $y \in \mathring{A}$.

On démontre de la même façon que, si $\mathring{A} \neq \emptyset$. A est à la fois ouvert et fermé.

Exemples. 1. Soit $M \in \mathbf{R}$, $M > 1$ tel qu'il existe une suite (λ_n), $\lambda_n \in K$, telle que $|\lambda_n| = M^n$ pour $n \in \mathbf{Z}$; on vérifie qu'un tel nombre existe. Soit E l'espace des suites $(\alpha_i)_{i \in \mathbf{N}}$, $\alpha_i \in K$, telles que $\alpha_i = 0$ sauf pour un nombre fini d'indices. Munissons E de la topologie déduite de la norme n.a. $\|(\alpha_i)\| = \max |\alpha_i|$. L'ensemble

$$S = \{(\alpha_i) \in E \mid |\alpha_i| < M^{-i}, i \in \mathbf{N}\}$$

est convexe. Soit $(x_n)_{n \in \mathbf{N}}$, $x_n \in E$, une suite avec $x_n = (\alpha_{ni})$, $\alpha_{ni} = 0$ pour $i \neq n$, $|\alpha_{nn}| = M^{-n} (n \in \mathbf{N})$. On a $\|x_n\| = M^{-n}$, donc $\lim\limits_{n \to \infty} x_n = 0$; cependant $x_n \notin S (n \in \mathbf{N})$. Il s'ensuit que 0 n'est pas point intérieur de S, et donc $\overset{\circ}{S} = \emptyset$.

2. Prenons $K = \mathbf{Q}_p$, $p \neq 2$. On démontre aisément que dans ce cas tout ensemble convexe symétrique fermé contient 0.

Cette propriété est en défaut si $K = \mathbf{Q}_2$. En effet, considérons $\mathbf{Q}_2$ comme espace vectoriel sur lui-même. Prenons l'ensemble

$$A = \{x \in \mathbf{Q}_2 \mid |x| = 1\},$$

dont les éléments s'écrivent

$$x = 1 + \sum_{n=1}^{\infty} a_n 2^n, \quad (a_n = 0 \text{ ou } 1).$$

Puisque $A = 1 + \{x \in \mathbf{Q}_2 \mid |x| < 1\}$, A est convexe; A est symétrique et fermé mais $0 \notin A$.

2.3. Rappelons la relation entre les ensembles convexes et les semi-normes dans les espaces vectoriels sur $\mathbf{R}$. On a des propriétés analogues dans les espaces sur un corps K; cependant il y a quelques différences.

Remarquons qu'un ensemble absorbant contient 0; un ensemble convexe absorbant est donc un O-module.

Théorème 1. *Soit $A \subset E$ un ensemble convexe absorbant, donc contenant 0. Il existe une semi-norme n.a. p_A telle que*

$$\{x \in E \mid p_A(x) < 1\} \subset A \subset \{x \in E \mid p_A(x) \leqslant 1\}.$$

L'ensemble des semi-normes n.a., vérifiant cette inégalité, possède un élément plus grand $p_{\max}$ et un élément plus petit $p_{\min}$ pour l'ordre déduit de celui de $\mathbf{R}$.

Démonstration. Puisque A est absorbant on peut poser

$$p(x) = \inf_{x \in \lambda A} |\lambda|.$$

Nous allons montrer que p est une semi-norme n.a. D'abord, la relation

$$p(\lambda x) = |\lambda| p(x)$$

est triviale. Montrons alors l'inégalité triangulaire forte. Prenons $x, y \in E$ et supposons $p(x) \geqslant p(y)$. Il existe $\lambda, \mu \in K$ tel que $x = \lambda x_0$, $y = \mu y_0$ et $x_0, y_0 \in A$. Puisque $p(x) \geqslant p(y)$ on peut supposer $|\lambda| \geqslant |\mu|$. Posons

$$z = \lambda^{-1}(x + y),$$

donc

$$z = \lambda^{-1}(\lambda x_0 + \mu y_0) = x_0 + \lambda^{-1} \mu y_0.$$

Puisque $|\lambda^{-1}\mu| \leqslant 1$, on a $z \in A$. Il existe donc $z \in A$ tel que $x + y = \lambda z$. Ceci entraîne

$$p(x + y) \leqslant p(x) = \max(p(x), p(y)).$$

On voit facilement que p vérifie les relations du théorème; l'existence d'une semi-norme n. a. est donc démontré.

Soit alors p une semi-norme n. a., vérifiant les conditions du théorème. On a donc

$$A \subset \{x \in E \,|\, p(x) \leqslant 1\}.$$

Pour $\lambda^{-1} x \in A$, cela entraîne $p(x) \leqslant |\lambda|$ et donc $p(x) \leqslant \inf|\lambda|$ pour $x \in \lambda A$.

La relation

$$A \supset \{x \in E \,|\, p(x) < 1\}$$

entraîne de la même façon:

$$p(x) \geqslant \sup|\lambda| \quad \text{pour } x \notin \lambda A.$$

Posons $\inf|\lambda| = p_1$ et $\sup|\lambda| = p_2$.

Si la valuation de K est dense, on a évidemment $p_1 = p_2$. Si la valuation est discrète et si le groupe des valeurs est engendré par le nombre $\rho (0 < \rho < 1)$, on voit aisément que $p_2 = \rho p_1$.

Nous avons déjà démontré que p_1 est une semi-norme n. a.; la dernière égalité implique que p_2 est aussi une semi-norme n. a. Ceci achève la démonstration et $p_2 = p_{\min}$, $p_1 = p_{\max}$.

Corollaire (i) *Si la valuation de K est dense il existe une seminorme n. a. unique p_A telle que*

$$\{x \in E \,|\, p_A(x) < 1\} \subset A \subset \{x \in E \,|\, p_A(x) \leqslant 1\}.$$

(ii) *Si la valuation de K de discrète, on a*

$$A = \{x \in E \,|\, p_{\max}(x) \leqslant 1\},$$
$$A = \{x \in E \,|\, p_{\min}(x) < 1\},$$

et $p_{\min} = \rho p_{\max}$.

Le théorème s'applique en particulier aux ensembles convexes, contenant 0 comme point intérieur, puisqu'un tel ensemble est absorbant.

Sie une partie convexe contient un point $x_0 \neq 0$ comme point intérieur on peut procéder d'une manière analogue.

Pour une discussion de la définition de la notion d'un ensemble convexe, voir [87].

§ 3. Espaces localement convexes; définition et exemples

3.1. Définition 1. *Une topologie $\mathcal{T}$ d'un espace vectoriel topologique E sur K est appelée localement convexe s'il existe un système fondamental de voisinages de 0 formé d'ensembles convexes. Alors on appelle E un espace localement convexe.*

Le théorème 1 du paragraphe précédent entraîne que chaque topologie localement convexe est déterminée par un système Γ de semi-normes n. a. Les voisinages d'un système fondamental sont alors de la forme

$$\{x \in E \,|\, p_i(x) \leqslant \varepsilon,\ i = 1, \ldots, n,\ \varepsilon > 0\}$$

pour toute suite finie de $p_i \in \Gamma$ et tout $\varepsilon > 0$.

Inversement, étant donné un système Γ de semi-normes n. a. sur E, les ensembles déterminés par les inégalités précédentes, définissent sur E une topologie localement convexe. Voir [77] et [124].

On démontre facilement les propriétés suivantes.

(i) Soit E un espace localement convexe; la topologie soit déterminée par le système Γ de semi-normes n. a. Alors tout $p \in \Gamma$ est continue.

(ii) Par une application des résultats du chapitre II on voit que les voisinages, définis par les inégalités ci-dessus, sont ouverts et fermées. Il s'ensuit que tout espace séparé localement convexe sur K est de dimension 0.

(iii) La topologie est séparée si et seulement si pour tout $x \in E$, $x \neq 0$, il existe $p \in \Gamma$ tel que $p(x) \neq 0$.

(iv) Soit E un espace localement convexe dont la topologie soit déterminée par le système Γ de semi-normes n. a. Pour que la suite $(x_n)_{n \in \mathbf{N}}$, $x_n \in E$, converge vers $x_0 \in E$ il faut et il suffit que

$$\lim_{n \to \infty} p(x_n - x_0) = 0$$

pour tout $p \in \Gamma$. Pour chaque $p \in \Gamma$ tel que $p(x_0) \neq 0$ on a $p(x_n) = p(x_0)$ pour $n > N(p, x_0)$.

(v) Supposons E complet. Une série $\sum\limits_{i=1}^{\infty} x_i$, $x_i \in E$, est convergente si et seulement si

$$\lim p(x_i) = 0$$

pour tout $p \in \Gamma$.

3.2. Nous avons déjà remarqué pour les espaces normés n. a. (chap. III, 1.4) qu'en général la norme $\|x\|$ d'un élément $x \in E$ n'appartienne pas au groupe des valeurs G de K. On a la même situation dans les espaces localement convexes: l'ensemble $\{p(x) \mid x \in E, p \in \Gamma\}$ n'est pas un sous-ensemble de G en général. Posons

$$N_p = \{p(x) \mid x \in E, p \in \Gamma\},$$
$$N_K = \{|a| \mid a \in K\}.$$

Si la valuation de K est discrète on peut définir à partir de Γ une nouvelle famille Γ' de semi-normes n. a. q telle que $N_q \subset N_K$ pour tout $q \in \Gamma'$ et telle que la topologie définie sur E par Γ' soit identique à la topologie définie par Γ. On voit aisément qu'on peut prendre $\Gamma' = \{\tilde{p} \mid p \in \Gamma\}$ où

$$\tilde{p}(x) = \inf_{p(x) \leqslant |\lambda|} |\lambda|.$$

3.3. Comme dans la théorie des espaces localement convexes sur $\mathbf{R}$, on considère les espaces localement convexes métrisables sur K (chap. III, 1.3).

Théorème 1. (i) *Soit E un espace localement convexe tel qu'il existe un système fondamental dénombrable de voisinages de 0. Alors la topologie peut se déduire d'une F-norme n. a.*

(ii) *Soit E un espace vectoriel topologique sur K tel que la topologie se déduit d'une F-norme n. a. Alors E est localement convexe et la topologie admet une base dénombrable de voisinages de 0.*

Démonstration. (i) Il existe une suite croissante de semi-normes p_n, qui définit la topologie. Alors

$$\|x\|_F = \sup_n \frac{1}{2^n} \frac{p_n(x)}{1 + p_n(x)}$$

est une F-norme.

(ii) En tenant compte des propriétés d'une F-norme, on voit que les ensembles $\left\{x \in E \mid \|x\|_F \leqslant \dfrac{1}{n}\right\}$ sont convexes et, pour $n = 1, 2, \ldots$, ils forment un système dénombrable de voisinages de 0.

On appelle espace ($\mathscr{F}$) *un espace localement convexe, métrisable et complet.*

3.4. Le critère de Kolmogoroff caractérisant les espaces normés a la même forme que dans les espaces réels.

Théorème 2. *Une condition nécessaire et suffisante pour que la topologie d'un espaces vectoriel topologique séparé sur K puisse etre définie par une norme n. a., est qu'il existe un voisinage convexe borné de 0.*

La démonstration se fait comme dans le cas réel (voir [78]).

3.5. *Quelques exemples.* (i) Chaque espace normé n.a. est localement convexe.

(ii) L'espace Ent des fonctions entières (chap. III, 1.4., exemple (viii)) est un espace localement convexe métrisable.

(iii) Prenons pour K le corps $\mathbf{Q}_p$. Soit $F(K)$ l'espace linéaire des fonctions continues à valeurs dans K et définies sur K. Pour tout entier n la fonction

$$p_n(f) = \max_{|x| \leqslant p^n} |f(x)|, \qquad f \in F(K),$$

est une semi-norme n.a. sur $F(K)$. La famille Γ de toutes ces semi-normes définit sur $F(K)$ une topologie localement convexe. Il n'existe pas de voisinages bornés dans $F(K)$; d'après le critère de Kolmogoroff, donc $F(K)$ n'est pas normé.

(iv) L'espace l^1 (chap. III, 1.4., exemple (vii)) n'est pas localement convexe.

Supposons que la topologie, déduite de la norme $\Sigma |x_i|$, qui n'est pas n.a., fut localement convexe. Il existe alors un voisinage convexe U de 0 et des nombres $r_1, r_2, 0 < r_1 < r_2$, tels que

$$\{x \in l^1 \mid \|x\| \leqslant r_1\} \subset U \subset \{x \in l^1 \mid \|x\| \leqslant r_2\}.$$

On peut évidemment supposer $r_1 = 1$. Prenons $x^{(i)} \in l^1$, $\|x^{(i)}\| \leqslant 1$, $i = 1, \ldots, n$. La convexité de U entraîne alors

$$\|x^{(1)} + \cdots + x^{(n)}\| \leqslant r_2.$$

Pour $x^{(1)} = (1, 0, 0, \ldots)$, $x^{(2)} = (0, 1, 0, \ldots), \ldots, x^{(n)} = (0, 0, \ldots, 1, 0, \ldots)$ on a $\|x^{(1)} + \cdots + x^{(n)}\| = n$ ce qui donne une contradiction pour n suffisamment grand.

(v) Considérons l'espace K_n des séries convergentes de puissances en n variables (voir chap. II, 2.3.1.). On définit sur K_n une topologie $\mathscr{C}$ de la façon suivante. Considérons pour tout $t \in G^n$ l'injection $T_n(t) \to K_n$ et soit $\mathscr{C}$ la topologie la plus fine telle que toutes ces injections sont continues. C'est une topologie localement convexe non-métrisable (voir [34]).

(vi) Plus tard nous aurons besoin de l'exemple suivant (Van Tiel [124]). Soit F l'espace vectoriel $K^{\mathbf{N}}$. En posant

$$p_n(\alpha) = |\alpha(n)|, \qquad \alpha \in F, \qquad n \in \mathbf{N},$$

on définit sur F une suite de semi-normes n.a., qui définissent une topologie localement convexe sur F. K étant complet par hypothèse, F est complet et ainsi F est un espace $(\mathscr{F})$. F est le produit topologique d'une famille dénombrable d'espaces K. F n'est pas normé parce qu'il n'existe pas un voisinage borné de 0 dans F. Si $\phi^{(n)}$ désigne l'élément de F tel que $\phi_n^{(n)} = 1$ et $\phi_k^{(n)} = 0$ pour $k \neq n$, on a $\sum_{i=1}^{n} \alpha_i \phi^{(i)} \to (\alpha_i)$ pour $n \to \infty$ et $(\alpha_i) \in F$.

3.6. Dans la théorie classique on définit des cas speciaux d'espaces localement convexes, comme par exemple les espaces tonnelés. Cela peut se faire dans les espaces sur K d'une manière toute analogue. Il suffit donc à donner quelques définitions et quelques exemples dont nous aurons besoin plus tard.

Soient E un espace vectoriel et $E_1 \subset E_2 \subset \ldots$ une suite infinie strictement croissante de sous-espaces de E tels que $E = \bigcup_{n=1}^{\infty} E_n$. Soit $\mathscr{C}_n$ une topologie sur E_n telle que E_n soit un espace $(\mathscr{F})$ et telle que $\mathscr{C}_{n+1}|E_n = \mathscr{C}_n$; E_n est donc fermé dans E_{n+1}. Soit $\mathscr{P}$ la famille des ensembles convexes V dans E qui possèdent la propriété suivante: $V \cap E_n$ est un voisinage de 0 pour $\mathscr{C}_n$. On sait que $\mathscr{P}$ définit sur E une topologie localement convexe $\mathscr{C}_\omega$ pour laquelle $\mathscr{P}$ est un système fondamental de voisinages de 0; $\mathscr{C}_\omega$ est la topologie localement convexe la plus fine sur E telle que $\mathscr{C}_\omega|E_n \subset \mathscr{C}_n$ pour tout $n \in \mathbb{N}$.

On appelle espace $(\mathscr{LF})$ tout espace localement convexe dont la topologie $\mathscr{C}_\omega$ peut etre définie ainsi.

On dit que E est la *limite inductive stricte* des espaces E_n.

Exemple (vii) (Van Tiel). Considérons l'espace F de l'exemple (vi). Soit E le sous-espace vectoriel de F formé des suites (α_i) telles que $\alpha_i = 0$ sauf pour un nombre fini d'indices. Soit E_n le sous-espace vectoriel de E formé des suites (α_i) telles que $\alpha_i = 0$ pour $i > n$ $(n \in \mathbb{N})$. On a $E_1 \subset E_2 \subset \ldots$; $\bigcup E_n = E$. On définit sur E_n une norme n.a. par $\|\alpha\|_n = \max_{1 \le i \le n} |\alpha_i|$ pour $\alpha = (\alpha_i) \in E_n$. Alors E_n est un espace de Banach n.a. puisque K est complet. Muni de la topologie $\mathscr{C}_\omega$ comme ci-dessus E est un espace $(\mathscr{LF})$.

On peut montrer qu'un espace $(\mathscr{LF})$ n'est pas métrisable (voir [124]).

Dans un espace localement convexe E on appelle *tonneau* tout ensemble convexe, absorbant et fermé dans E.

Un espace localement convexe sur K est appelé tonnelé si tout tonneau est un voisinage de 0.

On peut démontrer qu'un espace $(\mathscr{LF})$ est un espace tonnelé.

Tout espace localement convexe qui est un espace de Baire est tonnelé (voir [78]).

En effet, si $\lambda \in K$, $|\lambda| > 1$, et si T est un tonneau on a

$$E = \bigcup_{n \in \mathbb{N}} \lambda^n T.$$

E étant un espace de Baire cela entraîne $\mathring{T} \neq \emptyset$, donc T est ouvert.

Les espaces des exemples (vi) et (vii) sont tonnelés. Il existe des espaces localement convexes qui ne sont pas tonnelés.

Exemple (viii) (Van Tiel). Soit L l'espace vectoriel E de l'exemple (vii), muni de la topologie induite sur E par la topologie de l'espace F de l'exemple (vi). L est un espace localement convexe métrisable non complet. L'ensemble

$$V = \{(\alpha_i) \in L \mid \max_i |\alpha_i| \leqslant 1\}$$

est un tonneau dans L. On vérifie que V n'est pas un voisinage de 0 dans L.

Pour plusieurs autres exemples voir [124]. Cet auteur y étudie aussi les espaces bornologiques et les espaces de Montel sur un corps valué n.a. Nous renvoyons le lecteur à ce travail.

§ 4. Espaces sphériquement complets

La notion d'espace sphériquement complet fut introduite par Ingleton [45] pour l'étude du théorème de Hahn-Banach dans les espaces normés n.a. Plus tard elle fut généralisée pour les espaces localement convexes [77]. Cette notion s'est montrée de première importance, d'une part pour la validité du théorème de Hahn-Banach et ses conséquences et d'autre part pour la théorie de la structure des espaces normés n.a.

4.1. Soit E un espace localement convexe dont la topologie soit déterminée par une famille Γ de semi-normes n.a. p. Pour $p \in \Gamma$, appelons p-boule l'ensemble $B_p(x_0, r)$ des $x \in E$ tels que

$$p(x - x_0) \leqslant r.$$

La démonstration des propositions suivantes est évidente.

Proposition 1. *Si* $x_1 \in B_p(x_0, r)$ *on a*

$$B_p(x_1, r) = B_p(x_0, r).$$

Proposition 2. *Etant données deux p-boules $B_p(x_1, r_1)$ et $B_p(x_2, r_2)$ dont l'intersection n'est pas vide, l'une de ces boules est contenue dans l'autre.*

Il s'ensuit:

Proposition 3. *Soit Λ une famille de p-boules telle que deux quelconques de ces boules ont une intersection non-vide; alors Λ est un ensemble totalement ordonné par la relation d'inclusion.*

Nous posons la définition suivante.

Définition 1. *L'espace E sera appelé p-sphériquement complet lorsque toute famille de p-boules qui est totalement ordonnée par inclusion a une intersection non-vide.*

Cette définition s'applique d'une façon évidente dans les espaces normés n.a.; dans ce cas nous dirons que l'espace est sphériquement complet.

D'ailleurs, la théorie se réduit aisément à ce cas.

Soit .E un espace localement convexe et supposons que la topologie soit définie par une seule semi-norme n.a. p. Désignons par E_0 le sous-espace linéaire $\{x \in E \mid p(x) = 0\}$. Comme dans le cas des espaces réels on vérifie que E/E_0 muni de la norme quotient, est un espace normé n.a. et on démontre aisément par usage de l'application canonique de E sur E/E_0 qu'à toute famille de p-boules, totalement ordonnée par inclusion, correspond une telle famille dans E/E_0 et inversement. On a donc la propriété suivante:

Proposition 4. *Pour que E soit p-sphériquement complet, il faut et il suffit que E/E_0 soit sphériquement complet.*

Proposition 5. *Si E est p-sphériquement complet, E est complet.*

A l'aide de la proposition 4 c'est une conséquence de la propriété bien connue que parmi les espaces métriques les espaces complets sont caractérisés par la propriété suivante: toute suite d'ensembles fermés non-vides $A_1 \supset A_2 \ldots$ dont les diamètres tendent vers 0 a une intersection non-vide (et se compose donc d'un seul point).

4.2. Considérons maintenant les *espaces normés n.a.*

Définition 2. *La norme n. a. sur E est appelée discrète si dans $N_E = \{\|x\| \mid x \in E\}$ toute suite strictement décroissante tend vers 0.*

Remarquons que l'espace E ne peut satisfaire cette condition que si la valuation de K est discrète. Cependant, la condition ne veut pas dire que N_E est discrète dans $\mathbf{R}_+^*$: l'espace, construit au chapitre III, 1.4. (x) en fournit un exemple.

Proposition 6. *Chaque espace de Banach n.a. dont la norme est discrète est sphériquement complet.*

Démonstration. Soit $B_1 \supset B_2 \supset \ldots$ une suite de boules. Il y a deux cas.

a. Si le diamètre de B_n tend vers 0 si $n \to \infty$, il suit d'un théorème classique de Cantor que l'intersection des boules se compose d'un seul point.

b. Si le diamètre ne tend pas vers 0, on voit, en appliquant l'inégalité triangulaire forte, que les boules sont identiques à partir d'une certaine valeur de n, ce qui démontre alors le théorème.

La définition 1 s'applique à K, considéré comme espace sur lui même. On dit alors que le corps est sphériquement complet. Chaque corps valué discret, en particulier tout corps localement compact, est sphériquement complet.

Proposition 7. *Pour que l'espace K^n soit sphériquement complet il faut et il suffit que K soit sphériquement complet.*

Démonstration. Cela se démontre aisément par projection sur les espaces coordonnés, qui sont chacun isomorphe à K.

Proposition 8. *Pout tout corps K sphériquement complet l'espace l^∞ est sphériquement complet.*

Proposition 9. *Soit E un espace normé n.a. sphériquement complet. Soit V un sous-espace linéaire fermé de E. Alors l'espace E/V, muni de la norme quotient, est sphériquement complet.*

Nous supprimons les démonstrations faciles.

L'exemple suivant (voir Ingleton [45]) montre qu'il existe des corps à valuation dense et sphériquement complet.

Exemple. Soit Γ un corps. Les éléments $\neq 0$ du corps K sont les séries formelles

$$x = \sum_\gamma a_\gamma t^{\alpha_\gamma}, \ a_\gamma \in \Gamma,$$

telles que (i)

$$V_x = \{\gamma \,|\, a_\gamma \neq 0\}$$

est un sous-ensemble bien-ordonné du corps $\mathbf{Q}$ des nombres rationnels;

(ii) $\alpha_\gamma \in \mathbf{Q}$ et $\gamma \to \alpha_\gamma$ est croissante sur V_x.

On définit une valuation n.a. sur K par

$$|x| = 2^{-\alpha_\gamma}, \ |0| = 0,$$

où γ est le plus petit nombre de V_x.

Soit $B_1 \supset B_2 \supset \ldots$ une suite décroissante de boules. Soit d_n le diamètre de B_n (il n'est pas besoin d'indiquer le centre puisque chaque point de B_n peut servir comme centre). Soit

$$x_n = a_1^{(n)} t^{\alpha_1^{(n)}} + \cdots$$

un point arbitraire de B_n. Soit $i(n)$ l'ordinal de la famille de tous les i tels que

$$2^{-\alpha_i^{(n)}} > d_n.$$

Puisque $x_{n+1} \in B_n$, on a $|x_{n+1} - x_n| \leqslant d_n$. Il s'ensuit

$$\alpha_i^{(n+1)} = \alpha_i^{(n)},$$

$$a_i^{(n+1)} = a_i^{(n)},$$

pour tout $i < i(n)$. Si $\alpha_{i(n)}^{(n+1)}$ existe on a

$$2^{-\alpha_{i(n)}^{(n+1)}} \leqslant d_n.$$

Puisque $d_{n+1} < d_n$ on a $i(n+1) \geqslant i(n)$. Posons

$$x_0 = \sum_{i < i(1)} a_i^{(1)} t^{\alpha_i^{(1)}} + \sum_{i(1) \leqslant i < i(2)} a_i^{(2)} t^{\alpha_i^{(2)}} + \cdots.$$

On vérifie que $x_0 \in K$ et $x_0 \in B_n$ pour tout n, de sorte que $\cap B_n \neq \emptyset$; K est donc sphériquement complet.

On peut caractériser les corps sphériquement complets d'une façon algébrique. Rappelons qu'un corps valué K est dit maximalement complet lorsqu'il n'existe pas d'extension valuée de K qui a le même groupe des valeurs et le même corps résiduel que K. On a alors la caractérisation suivante:

K est sphériquement complet si et seulement si K est maximalement complet.

Pour une démonstration voir [122]. Voir [124] pour les relations avec la théorie des suites pseudo-convergentes.

Considérons le sous-corps L du corps K de l'exemple précédent dont les éléments sont les séries formelles telles que

$$\{\gamma \in \mathbf{Q} \mid a_\gamma \neq 0\}$$

est un ensemble fini ou un ensemble tendant vers ∞; nous avons déjà considéré ce corps dans le chapitre I, 3.4. La valuation de K induite une valuation sur L et L est alors un sous-corps fermé de K. Il résulte facilement de la caractérisation algébrique ci-dessus que L n'est pas sphériquement complet. Remarquons que c'est aussi une conséquence du théorème de Hahn-Banach que nous traiterons dans le chapitre V (voir Cohen [16]).

Un sous-corps de L est formé par les séries

$$x = a_1 t^{n_1} + a_2 t^{n_2} + \cdots,$$

où les n_i sont des entiers tendant vers ∞. La valuation est alors discrète de sorte que ce corps est sphériquement complet.

Remarques. 1. La notion d'espace sphériquement complet a le caractère de la compacité. La compacité, cependant, est parfois trop restrictive pour la théorie des espaces localement convexes sur un corps valué n.a.; elle entraîne par exemple que la valuation soit discrète. On démontre même facilement la propriété suivante:

*Soit E un espace localement convexe sur K. Supposons qu'il existe
dans E un ensemble convexe compact contenant au moins deux points.
Alors K est un corps local.*

La notion sphériquement complet est plus adéquate pour la théorie
des espaces localement convexes.

2. Mentionnons un travail de Gruson [38] sur quelques catégories
d'espaces de Banach n.a. On y trouve des résultats sur l'ensemble des
«trous» d'un tel espace E. Un trou de E est un ensemble totalement
ordonné de boules de E, maximal pour la relation d'inclusion et non
trivial, c'est à dire d'intersection vide. Si T est un trou de E, on appelle
diamètre de T la borne infèrieure des diamètres des boules appartenant
à T; c'est un nombre > 0 puisque E est complet.

3. Pour une discussion générale de la notion sphériquement complet
voir [87].

4.3. Springer [122] a introduit la notion d'ensemble c-compact
et il a étudié la relation entre cette notion et la notion d'espace sphériquement complet. Nous donnons la définition et les propriétés principales. Pour la plupart des démonstrations nous renvoyons à [122].

Soit E un espace vectoriel sur K.

Définition 3. *Soit X une partie de E. Un filtre convexe $\mathscr{F}$ sur X est
un filtre sur X qui possède une base formée de parties convexes de X. Une
telle base est appelée base convexe du filtre convexe $\mathscr{F}$.*

Exemples. (a) Supposons que E soit un espace vectoriel topologique
sur K. Pour que la topologie de E soit localement convexe il faut et il
suffit que pour tout $x \in E$ le filtre des voisinages de x soit un filtre convexe.

(b) Soit E un espace normé n.a. Soit $(x_n)_{n \in \mathbf{N}}$ une suite pseudoconver-
gente dans E, c'est à dire une suite telle que $\|x_{n+1} - x_n\| < \|x_n - x_{n-1}\|$
$(n > 2)$. Posons

$$C_n = \{x \in E \mid \|x - x_n\| \leqslant \|x_{n+1} - x_n\|\}.$$

On a $C_{n+1} \subset C_n$ et les C_n forment une base de filtre qui engendre un
filtre convexe, appelé un *filtre convexe élémentaire.*

L'ordre de l'ensemble des filtres sur $X \subset E$ induit un ordre de l'ensemble des filtres convexes sur X. On appelle *filtre convexe maximal*
un élément maximal de l'ensemble ordonné des filtres convexes sur X.

(1) *Pour tout filtre convexe $\mathscr{F}$ sur X il existe un filtre convexe maximal
plus fin que $\mathscr{F}$.*

Supposons que E soit un espace localement convexe séparé.

Définition 4. *Une partie X de E appelée c-compacte si tout filtre
convexe sur X possède au moins un point adhérent dans X.*

On a les propriétés suivantes.

(2) *Toute partie convexe et c-compacte de E est fermée.*

(3) *Les propriétés suivantes d'un sous-ensemble convexe X de E sont équivalentes:*

(i) *X est c-compact;*

(ii) *tout filtre convexe maximal sur X est convergent;*

(iii) *toute famille d'ensembles fermés convexes, dont l'intersection est vide, contient une sous-famille finie dont l'intersection est vide.*

Une application au corps valué n.a. K, considéré comme espace normé sur lui-même, donne:

(4) *Les propriétés suivantes de K sont équivalentes:*

(i) *K est c-compact;*

(ii) *l'anneau des entiers O de K est c-compact;*

(iii) *K est sphériquement complet;*

(iv) *tout filtre convexe élémentaire possède au moins un point adhérent.*

En vertu de ce théorème nous utiliserons dans ce qui suit souvent la dénomination «corps c-compact» au lieu de «corps sphériquement complet».

(5) *Pour qu'un corps K soit c-compact il faut et il suffit qu'il soit maximalement complet.*

Remarquons qu'un ensemble c-compact n'est pas nécessairement borné: un corps sphériquement complet est c-compact et non-borné.

Définition 5. *Soit E un espace localement convexe. E est dit localement c-compact lorsqu'il existe un voisinage de 0 qui est convexe et c-compact.*

On a alors le théorème suivant.

(6) *Soit E un espace normé n.a. sur K qui est localement c-compact. Alors K est c-compact et la dimension de E est finie.*

Pour la démonstration, dans laquelle on fait usage de la théorie de la structure des espaces normés n.a. que nous considérons dans le chapitre suivant; voir [122]. Springer remarque que ce théorème ne reste plus vrai si l'on suppose seulement que E soit un espace localement convexe sur K.

Chapitre IV

Structure des espaces normés non-archimédiens

Dans ce chapitre nous traiterons les propriétés des espaces normés n.a., dont nous avons donné la définition dans le chapitre III. Nous supprimons les propriétés élémentaires, comme l'équivalence de normes, convergence de séries dont les termes sont des éléments d'un tel espace, qui se démontrent de façon évidente.

Le but principal de ce chapitre sera de démontrer que dans certaines classes d'espaces normés n.a. il existe des bases, c'est à dire des familles de vecteurs telles que chaque élément de l'espace s'écrit d'une façon unique comme série convergente d'éléments de la famille. Une telle base sera appelée une *base orthogonale*. Il est intéressant de comparer ces séries avec les familles orthonormales dans les espaces hilbertiens.

1. Soit E un espace normé n.a. sur K. Soit $\lambda > 0$. Posons

$$E_\lambda = \{x \in E \,|\, \|x\| \leqslant \lambda\},$$

$$E'_\lambda = \{x \in E \,|\, \|x\| < \lambda\}.$$

E_λ et E'_λ sont des modules sur l'anneau de valuation O de K. On a $E'_\lambda \supset \mathfrak{p} E_\lambda$, où $\mathfrak{p}$ est l'idéal maximal $\{a \in K \,|\, |a| < 1\}$. Remarquons qu'en général on n'a pas $E'_\lambda = \mathfrak{p} E_\lambda$ (voir le chapitre III, 1.4.). Nous posons

$$E_\lambda / E'_\lambda = \tilde{E}_\lambda.$$

On a $\tilde{E}_\lambda = \{0\}$ s'il n'existe pas des vecteurs $x \in E$ tels que $\|x\| = \lambda$. On vérifie que $\tilde{E}_\lambda$ est un espace vectoriel sur le corps résiduel $O/\mathfrak{p}$ pour tout $\lambda > 0$. Etant donnés $\lambda > 0$, $\mu > 0$, ces espaces sont isomorphes si, pour $x, y \in E$, $\|x\| = \lambda$, $\|y\| = \mu$, il existe $a \in K$ tel que $x = ay$. Autrement dit: formons les classes $\gamma = \lambda G$ où G est le groupe des valeurs de K; désignons par Λ l'ensemble de ces classes γ. Alors E_λ / E'_λ ne dépend, à isomorphie près, que de la classe $\gamma \in \Lambda$. Pour cette raison nous préférons la notation $\tilde{E}_\gamma$ au lieu de $\tilde{E}_\lambda$.

Remarquons qu'il n'y a pas d'analogue de ces propriétés en analyse réelle.

2. Définition 1. *Une famille de vecteurs* $(x_i)_{i \in I}$, $x_i \in E$, $x_i \neq 0$, *est appelée orthogonale si*

$$\left\| \sum_{i \in S} \xi_i x_i \right\| = \max_{i \in S} \|\xi_i x_i\|$$

pour tout $\xi_i \in K$ *et tout ensemble fini* $S \subset I$.

C'est une conséquence immédiate de l'inégalité triangulaire forte qu'on a alors

$$\|\sum \xi_i x_i\| = \sup\|\xi_i x_i\|$$

pour toute série convergente $\Sigma \xi_i x_i$.

Définition 2. *Une famille orthogonale $(x_i)_{i\in I}$ est appelée une base orthogonale de E si tout élément x de E peut s'écrire dans la forme d'une série convergente $\Sigma \xi_i x_i$; cela veut dire que $\xi_i x_i$ tend vers 0 suivant le filtre des complémentaires des parties finies de I. On dit alors que E est orthogonalisable.*

On voit immédiatement que pour toute base orthogonale on a

$$\|x\| = \sup_i \|\xi_i x_i\|$$

et il s'ensuit que la représentation de x suivant (x_i) est unique.

Remarquons encore qu'on démontre à l'aide du lemme de Zorn qu'il existe dans E une famille orthogonale maximale.

Tout espace $c(I)$ est orthogonalisable.

Le problème principal est de donner des conditions sous lesquelles un espace normé n. a. est orthogonalisable. Ce problème est en grande partie résolu.

3. Théorème 1. *Soit E un espace de Banach n. a. dont la norme est discrète. Alors E est orthogonalisable.*

Démonstration. Considérons les modules E_λ, E'_λ définis ci dessus. Soit $(x_{i_\gamma})_{i\in I_\gamma}$ une famille de vecteurs dans E_λ telle que les classes résiduelles $x_{i_\gamma} + E'_\lambda$ forment une base algébrique pour l'espace vectoriel $\tilde{E}_\gamma$. Prenons des représentants a_γ des $\gamma \in \Lambda$ tels que $0 < a < a_\gamma \leqslant 1$ où a est un nombre réel convenable. On peut supposer $\|x_{i_\gamma}\| = a_\gamma$.

Prenons $x \in E$. Il existe $\lambda \in K^*$ tel que $\|\lambda x\| = a_\gamma$. En vertu de la définition des x_{i_γ} il existe une famille finie d'éléments $\lambda_{i_\gamma} \in K$ telle que

$$\|\lambda x - \Sigma \lambda_{i_\gamma} x_{i_\gamma}\| < a_\gamma = \|\lambda x\|.$$

Pour chaque $x \in E$ il existe donc une combinaison linéaire finie x' des x_{i_γ} telle que

$$\|x - x'\| < \|x\|.$$

Par récurrence on définit alors une suite $(x_n)_{n\in\mathbb{N}}$ de combinaisons linéaires finies des x_{i_γ} telle que

$$\|x - x_{n+1}\| < \|x - x_n\|, \quad n \geqslant 1.$$

Puisque la norme est discrète, il s'ensuit $x = \lim x_n$. En se rappelant que $\|x+y\| = \max(\|x\|, \|y\|)$ si $\|x\| \neq \|y\|$ et la définition des x_{i_γ}, on voit que $\{x_{i_\gamma}\}$ est une base orthogonale.

Remarquons que l'ensemble $I = \bigcup_{\gamma \in \Lambda} I_\gamma$ n'est pas nécessairement dénombrable.

Remarques. L'introduction des modules E_λ et E'_λ devient plus simple si, en posant

$$N_E = \{\|x\| \mid x \in E\}, \qquad N_K = \{|a| \mid a \in K\},$$

on a $N_E \subset N_K$; dans ce cas la démonstration est plus aisée.

On peut d'ailleurs démontrer le théorème sans usage de ces modules. Nous avons préféré de donner la démonstration ci-dessus afin de pouvoir indiquer de quelle façon on peut trouver une base à partir d'une base algébrique des espaces $\tilde{E}_\gamma$.

Supposons que E vérifie la condition $N_E \subset N_K$. Dans ce cas le théorème prend une forme plus simple. Pour que la norme soit discrète il faut et il suffit alors que la valuation de K soit discrète. Par une multiplication scalaire convenable on peut s'arranger que la norme de chaque vecteur de la base orthogonale est égale à 1; la base est alors une *base orthonormale.* En se rappelant la définition des espaces $c(I)$ (chapitre III, 1.4. (iv)), on obtient le corollaire suivant.

Corollaire 1. *Supposons que la valuation de K soit discrète. Tout espace de Banach n.a. sur K vérifiant $N_E \subset N_K$ est isomorphe avec sa norme à un espace $c(I)$.*

On a ainsi une caractérisation simple de cette classe d'espaces de Banach n.a.

Même si la condition $N_E \subset N_K$ n'est pas remplie, il y a une relation avec les espaces $c(I)$. Supposons encore que la valuation de K soit discrète. Soit G le groupe des valeurs de K; supposons que G est engendré par un nombre ρ, $0 < \rho < 1$. Définissons une nouvelle norme n.a. dans E par

$$\|x\|_1 = \inf(r \in G \mid r \geqslant \|x\|).$$

Puisqu'on a

$$\rho \leqslant \frac{\|x\|}{\|x\|_1} \leqslant 1$$

pour tout $x \in E$, les normes $\|\cdot\|$ et $\|\cdot\|_1$ sont équivalentes. La nouvelle norme vérifie la condition $N_E \subset N_K$. On obtient le corollaire suivant.

Corollaire 2. *Supposons que la valuation de K soit discrète. Tout espace de Banach n.a. sur K est isomorphe comme espace vectoriel topologique à un espace $c(I)$.*

Remarques. 1. Pour les espaces séparables le théorème se trouve déjà dans Monna [69]. On y a utilisé une définition géométrique de l'orthogonalité qui d'ailleurs, comme nous verrons plus tard (7.2), est équivalente à celle donnée ci-dessus.

2. Pour les espaces normés n.a. non-complets on peut exprimer un même théorème, mais on n'obtient pas les corollaires.

3. On peut affaiblir la condition $N_E \subset N_K$. A cette fin Serre [116] introduit la condition (N).

Condition (N). *On dit qu'un espace de Banach n.a. vérifie la condition* (N) *si pour tout* $x \in E$, $\|x\|$ *appartient à l'adhérence* $\bar{G}$ *du groupe des valeurs* G *de* K.

En particulier cette condition est remplie lorsque la valuation de K est dense. Toute norme est équivalente à une norme vérifiant (N). Tout espace $c(I)$ vérifie la condition (N).

Alors, sous l'hypothèse que la valuation de K soit discrète, l'isomorphie du corollaire 1 reste vraie pour les espaces de Banach n.a. vérifiant (N).

4. Dans ce numéro nous traiterons un autre cas où l'on peut démontrer qu'un espace de Banach n.a. est orthogonalisable. La méthode s'applique à des corps plus généraux que les corps à valuation discrète (les seuls auxquels le théorème 1 s'applique). D'autre part nous verrons qu'on doit imposer une condition restrictive à l'espace E.

Pour cela nous avons besoin de la notion d'orthogonalité de vecteurs et de sous-espaces. Dans ce qui précède nous avons déjà introduit la notion de famille orthogonale. La définition d'orthogonalité de vecteurs que nous allons donner y correspond d'une façon naturelle.

Remarquons que la notion d'orthogonalité de vecteurs fut introduite originellement par Monna ([69], [75]) d'une façon géométrique. D'ailleurs les définitions sont équivalentes (voir [75]). Nous donnerons un résumé de cette méthode géométrique dans le numéro 7.2 de ce chapitre.

Définition 3. *Soit E un espace de Banach n.a. sur K. Deux sous-espaces* F *et* F^* *de* E *s'appellent orthogonaux si* $\|x + y\| = \max(\|x\|, \|y\|)$ *pour tout* $x \in F$, $y \in F^*$.

Remarquons que la relation, imposée aux vecteurs x et y, remplace dans un certain sens le théorème de Pythagore dans les espaces hilbertiens. On peut dire aussi que pour tout $x \in F$, $y \in F^*$, l'ensemble $\{x, y\}$, $x \neq 0$, $y \neq 0$, est une famille orthogonale.

On a $F \cap F^* = \{0\}$. En effet, si $x \in F$, $x \in F^*$ et $x \neq 0$, on aurait pour tout $a, b \in K$

$$\|ax + bx\| = \max(\|ax\|, \|bx\|),$$

donc $|a + b| = \max(|a|, |b|)$ pour tout $a, b \in K$ ce qui, comme on voit aisément, est inexact puisque la valuation est non-triviale.

Définition 4. *Le sous-espace F* de la définition 3 est appelé un supplémentaire orthogonal de F lorsque E = F + F*.*

Il est évident que, réciproquement, F est un supplémentaire orthogonal de F^*. Remarquons qu'un supplémentaire orthogonal d'un sous-espace, s'il existe, n'est pas unique.

Exemple. Soit E l'espace K^2 des vecteurs $x = (x_1, x_2)$, normé par

$$\|x\| = \max(|x_1|, |x_2|).$$

Soit F le sous-espace engendré par le vecteur $(0, 1)$. Lé sous-espace engendré par $(1, 0)$ est un supplémentaire orthogonal de F. Cependant l'espace, engendré par $(1, 1)$, est aussi un supplémentaire orthogonal. La vérification est immédiate.

Quant à l'existence de supplémentaires orthogonaux on a le résultat suivant.

Théorème 2. *Soit E un espace de Banach n. a. sur K. Soit F un sous-espace fermé de E qui est sphériquement complet. Soit S un sous-espace de E orthogonal à F. Alors il existe un supplémentaire orthogonal F* de F tel que S ⊂ F*.*

Démonstration. Notons d'abord que, lorsqu'un sous-espace S de E est orthogonal à F, son adhérence $\overline{S}$ l'est aussi (cela résulte de $\|x + y\| = \max(\|x\|, \|y\|)$ pour $x \in F$, $y \in S$).

Considérons la famille non vide de tous les sous-espaces de E qui contiennent S et sont orthogonaux à F. Cette famille n'est pas vide et elle est inductive. D'après le lemme de Zorn il existe donc un sous-espace F^* orthogonal à F, contenant S et F^* est maximal par rapport à ces propriétés. F^* est fermé. Il s'agit de démontrer que $E = F + F^*$. Supposons le contraire. Alors il existe $z \in E$ tel que $z \notin F + F^*$. Prenons $\xi \in F$, $\eta \in F^*$; soit

$$B_{\xi,\eta} = \{x \in F \mid \|x - \xi\| \leqslant \|z + \xi + \eta\|\}.$$

On a pour tout $\xi, \xi' \in F$, $\eta, \eta' \in F^*$

$$\|\xi - \xi'\| \leqslant \max(\|\xi - \xi'\|, \|\eta - \eta'\|) = \|\xi - \xi' + \eta - \eta'\|$$
$$\leqslant \max(\|z + \xi + \eta\|, \|z + \xi' + \eta'\|).$$

Il s'ensuit que

$$B_{\xi,\eta} \cap B_{\xi',\eta'} \neq \phi.$$

F étant sphériquement complet, il s'ensuit que l'intersection des boules $B_{\xi,\eta}$ dans F est non-vide. Il existe donc $\xi_0 \in F$ tel que

$$\|\xi_0 - \xi\| \leqslant \|z + \xi + \eta\|$$

pour tout $\xi \in F$, $\eta \in F^*$. Cela implique d'après l'inégalité triangulaire forte que

$$\|z + \xi_0 + \eta\| \leqslant \|z + \xi + \eta\|,$$

et puisque $\xi_0 + \xi \in F$,

$$\|z + \xi_0 + \eta\| \leqslant \|(z + \xi_0 + \eta) + \xi\|.$$

Il s'ensuit

$$\|(z + \xi_0 + \eta) + \xi\| = \max(\|\xi\|, \|z + \xi_0 + \eta\|).$$

Alors, d'après la définition de l'orthogonalité

$$F^* + K(z + \xi_0)$$

est orthogonal à F, ce qui contredit la maximalité de F^*. On a donc $E = F + F^*$.

Remarque. On peut prouver ce théorème en quelques lignes en faisant usage du théorème d'Ingleton sur le prolongement d'applications linéaires que nous traiterons dans le chapitre suivant (voir [75], III). Nous avons préféré de donner la démonstration précédente d'un caractère géométrique pour cette propriété géométrique.

Corollaire. *F vérifie les hypothèses du théorème 2 lorsque K est c-compact et la dimension de F est finie.*

Cela résulte de la proposition 7 (chapitre III, § 4).

Définition 5. *Nous dirons qu'un espace de Banach n.a. est de type dénombrable lorsqu'il contient un sous-espace dense de dimension finie ou dénombrable.*

Nous avons le théorème d'existence suivant.

Théorème 3. *Supposons que K soit c-compact. Soit E un espace de Banach n.a. de type dénombrable. Alors E est orthogonalisable.*

Démonstration. Soit (e_n) une famille de vecteurs de E qui est une base d'un sous-espace dense de E à dimension au plus dénombrable. Nous allons orthogonaliser cette base. Nous construisons une famille orthogonale (e'_n) qui est une base orthogonale de E. Nous arrangeons tel que

(i) $e'_1 = e_1$

(ii) $e'_n - e_n$ est contenu dans le sous-espace E_{n-1} engendré par $e_1, \ldots, e_{n-1}$.

Supposons qu'on a trouvé $e'_1, \ldots, e'_n$; ils engendrent E_n. Il existe un supplémentaire orthogonal E_n^* de E_n. Il existe donc une décomposition $e_{n+1} = e'_{n+1} + x$, où $x \in E_n$, $e'_{n+1} \in E_n^*$. Ainsi e'_{n+1} est défini. On vérifie que (e'_n) est une base orthogonale de E.

Remarquons qu'un espace de type dénombrable est séparable si et seulement si K est séparable.

Une base orthogonale dans un espace orthogonalisable n'est pas uniquement déterminée, mais on peut démontrer la propriété suivante.

Soient $(x_i)_{i \in I}$ et $(y_j)_{j \in J}$ des bases orthogonales. Alors card I = card J. Pour la démonstration voir [75].

Il suit du théorème 3 que, K étant c-compact, tout espace de Banach n.a. de dimension infinie et de type dénombrable est isomorphe à l'espace c_0.

5. Dans ce numéro nous démontrons qu'il existe des espaces non-orthogonalisables. Pour cela nous avons besoin du théorème suivant.

Théorème 4. *Soit E un espace de Banach n.a. orthogonalisable de dimension infinie dont la norme n'est pas discrète. Alors E n'est pas sphériquement complet.*

Démonstration. Il faut démontrer qu'il existe une suite de boules B_n strictement décroissante dont l'intersection est vide. La norme n'étant pas discrète, il existe une suite de vecteurs $x_n \in E$ telle que

$$\|x_1\| > \|x_2\| > \cdots > 1.$$

On peut supposer que les x_i appartiennent à une base orthogonale. Posons

$$y_n = x_1 + \cdots + x_n, \qquad n = 1, 2, \ldots.$$

Soit

$$B_n = \{x \in E \mid \|x - y_n\| \leqslant \|x_n\|\}, \qquad n = 1, 2, \ldots.$$

On a

$$\|y_n - y_{n+1}\| = \|x_{n+1}\| < \|x_n\|,$$

donc $B_{n+1} \subset B_n$.

Supposons qu'on ait

$$x \in \bigcap_{n=1}^{\infty} B_n.$$

On a la décomposition

$$x = \sum_{i=1}^{\infty} \lambda_i x_i + \sum_j \mu_j e_j,$$

où les e_j désignent les vecteurs de la base orthogonale différents des x_i. La base étant orthogonale, on a pour $n = 1, 2, \ldots$

$$\|x - y_n\| = \max(\|(\lambda_1 - 1) x_1\|, \ldots, \|(\lambda_n - 1) x_n\|, \ldots) \leqslant \|x_n\|,$$

d'où il suit

$$\|(\lambda_{n-1} - 1) x_{n-1}\| \leqslant \|x_n\| < \|x_{n-1}\|,$$

donc

$$\|\lambda_{n-1} x_{n-1}\| = \|x_{n-1}\| > 1.$$

Il s'ensuit $\|\lambda_n x_n\| > 1$ pour tout n, ce qui d'autre part est impossible. Il s'ensuit que E n'est pas sphériquement complet.

Exemple. La complétion de la clôture algébrique de Q_p n'est pas sphériquement complet.

Appliquons ce théorème aux espaces l^∞. Nous avons démontré (chapitre III, § 4, proposition 8) que si K est c-compact (sphériquement complet) l^∞ est sphériquement complet. Le théorème précédent entraîne alors le corollaire suivant.

Corollaire. *Supposons que la valuation du corps c-compact ne soit pas discrète. Alors aucun espace l^∞ de dimension infinie sur K n'est orthogonalisable.*

6. Dans ce chapitre, qui traite la structure des espaces vectoriels topologiques et plus spécialement les espaces normés n.a., il faut mentionner le théorème suivant bien connu.

Théorème 5. *Pour qu'un espace vectoriel topologique E sur un corps valué complet et non-discret K soit localement compact, il faut et il suffit que K soit localement compact et que E soit de dimension finie sur K.*

Pour une démonstration voir [8]. Dans le cas d'un espace normé n.a., ce théorème se trouve déjà dans [67]. Pour les corps localement compacts voir chapitre I, théorème 7.

A l'aide de la notion de c-compacité, introduite dans le chapitre III, 4.3., on peut prouver le théorème suivant que nous avons déjà énoncé dans le chapitre III.

Théorème 6. *Soit E un espace normé n.a. sur K qui est localement c-compact. Alors K est c-compact et la dimension de E est finie.*

Pour la démonstration voir [122]; on y utilise les familles orthogonales.

Dans ce cadre mentionnons encore le résultat suivant.

Théorème 7. *Supposons K c-compact. Soit E un espace de Banach réflexif sur K. Alors la dimension de E est finie.*

Pour la démonstration voir [83].

7. Dans ce numéro nous donnerons des indications supplémentaires sur la théorie des espaces de Banach n.a., et plus spécialement sur les théorèmes structurels précédents.

7.1. La théorie des espaces normés n.a. fut développée depuis 1943 dans une série d'articles (voir Fleischer [29], Monna [61], [62], [63], [65], [67], [69], [70], [75], Serre [116]). On y trouve des résultats sur la structure des espaces localement compacts; sur la théorie des formes linéaires continues, en particulier sur le théorème de Hahn-Banach; sur les applications linéaires continues et les projecteurs (orthogonalité) et enfin sur l'existence de bases orthogonales. Nous traiterons le problème de Hahn-Banach dans le chapitre suivant pour les espaces localement convexes.

Pour les théorèmes du numéro précédent nous renvoyons à [83]. Dans cet article on a traité le problème plus général de l'existence de familles orthogonales dans les espaces de Banach n.a. quelconques, en particulier on y a étudié les familles orthogonales maximales; le problème de l'existence d'une base orthogonale entre dans ce cadre général.

Une théorie très générale sur les familles orthogonales a été donnée par Carpentier [14], pour laquelle nous renvoyons à ce travail.

On trouve des résultats sur les bases orthogonales dans un travail de Gruson [38]; parmi d'autres on y trouve le résultat que chaque sous-espace fermé d'un espace de Banach n.a. orthogonalisable est lui-même orthogonalisable.

La notion de *famille α-orthogonale* s'est montrée utile.

Etant donné α, $0 < \alpha \leqslant 1$, une famille $(x_i)_{i \in I}$, $x_i \in E$, est appelée α-orthogonale si

$$\left\| \sum_{i \in I} \lambda_i x_i \right\| \geqslant \alpha \sup_{i \in I} \| \lambda_i x_i \|$$

pour toute série convergente $\Sigma \lambda_i x_i$.

Une telle famille est appelée une *α-base* de E si tout $x \in E$ peut s'écrire dans la forme d'une série convergente $x = \Sigma \lambda_i x_i$. Une telle représentation est alors uniquement déterminée.

Une famille (x_i) est orthogonale au sens de la définition 1 si et seulement si elle est 1-orthogonale. Elle est une base orthogonale si et seulement si elle est une 1-base orthogonale.

Van der Put [94] a démontré le théorème suivant.

Théorème 8. (i) *Soit E un espace normé n.a. de type dénombrable. Alors E possède une α-base dénombrable ou fini pour tout α, $0 < \alpha < 1$.*

(ii) *Soit E un espace normé n.a. sur un corps K à valuation discrète. Alors E possède une α-base pour tout α, $0 < \alpha < 1$.*

Démonstration. (i) Nous omettons le cas simple où $\dim E < \infty$. Soit alors $(E_n)_{n \in \mathbb{N}}$ une suite de sous-espaces vectoriels de E telle que $E_n \subset E_{n+1}$, $\dim E_n = n$ et telle que $\cup E_n$ soit dense dans E. Pour tout $\alpha \in \mathbb{R}$, $0 < \alpha < 1$, il existe une suite de nombres $(\alpha_n)_{n \in \mathbb{N}}$ avec $0 < \alpha_n < 1$ et $\alpha \leqslant \Pi \alpha_n < 1$. Nous construirons par récurrence une suite $(x_n)_{n \in \mathbb{N}} \subset E$ telle qu'on ait pour tout n : (i) $(x_1, \ldots, x_n)$ est une base de E_n et (ii) $\inf \{ \| x_n + y \| \mid y \in E_{n-1} \} \geqslant \alpha_n \| x_n \|$.

Supposons qu'on ait construit $x_1,\ldots,x_n$. Soit $x\in E_{n+1}-E_n$. Tout espace vectoriel de dimension finie sur K étant complet, on a

$$\inf\{\|x+y\| \mid y\in E_n\}>0.$$

Il existe un élément $z\in E_n$ tel que

$$\inf\{\|x+y\| \mid y\in E_n\}\geqslant\alpha_{n+1}\|x+z\|$$

et on peut poser $x_{n+1}=x+z$, parce que

$$\inf\{\|x_{n+1}+y\| \mid y\in E_n\}\geqslant\alpha_{n+1}\|x_{n+1}\|.$$

On a

$$\left\|\sum_1^n\lambda_k x_k\right\|\geqslant\alpha_n\max\left(\|\lambda_n x_n\|,\left\|\sum_1^{n-1}\lambda_k x_k\right\|\right)$$

et par suite pour tout $n\in\mathbf{N}$

$$\left\|\sum_1^n\lambda_k x_k\right\|\geqslant\alpha\max_{1\leqslant k\leqslant n}(\|\lambda_k x_k\|).$$

Cela veut dire que $(x_n)_{n\in\mathbf{N}}$ est α-orthogonale. Cette famille est une base puisque $\cup E_n$ est dense dans E.

(ii) Soit $\{\rho^n \mid n\in\mathbf{Z}\}$, $0<\rho<1$, le groupe des valeurs de K. Soit $k\in\mathbf{N}$. La fonction

$$\|x\|_k=\sup\{\rho^{n/k} \mid n\in\mathbf{Z}, \rho^{n/k}\leqslant\|x\|\}$$

est une norme n.a. sur E et

$$\rho^{1/k}\|x\|\leqslant\|x\|_k\leqslant\|x\|.$$

En vertu du théorème 1 l'espace $(E,\|\cdot\|_k)$ possède une 1-base. Cette base est une $\rho^{1/k}$-base pour $(E,\|\cdot\|)$. Alors E possède une α-base pour tout α, $0<\alpha<1$, puisque $\lim\rho^{1/k}=1$.

On démontre alors le corollaire suivant.

Corollaire. *Tous les espaces de Banach n.a. de dimension infinie et de type dénombrable sont homéomorphes.*

Démonstration. Soit E l'espace vectoriel sur K formé par les suites $(\lambda_n)_{n\in\mathbf{N}}$, $\lim\lambda_n=0$. Muni de la norme $\sup|\lambda_n|$, E est un espace de Banach de dimension infinie et de type dénombrable. Soit alors F un espace de Banach sur K de dimension infinie et de type dénombrable. Soit $\alpha\in\mathbf{R}$, $0<\alpha<1$. Alors F possède une α-base (x_n). En effet soit $\lambda\in K$, $0<|\lambda|<1$. On peut choisir les nombres $i(n)\in\mathbf{Z}$ tels que

$$|\lambda|<\|\lambda^{i(n)}x_n\|\leqslant1$$

pour tout $n \in \mathbf{N}$. Les éléments

$$y_n = \lambda^{i(n)} x_n, \qquad n \in \mathbf{N},$$

forment aussi une α-base de F.

Alors l'application $T : E \to F$, donnée par

$$T((\lambda_n)_{n \in \mathbf{N}}) = \Sigma \lambda_n y_n$$

est un homéomorphisme.

La théorie des bases orthogonales et α-orthogonales s'applique dans la théorie des fonctions analytiques non-archimédiennes, en particulier aux algèbres affinoides (voir le chapitre II, 2.3.1). Voir un travail de Bosch [7].

7.2. Au numéro 4 nous avons déjà remarqué que la notion d'orthogonalité fut introduite originellement par des raisonnements d'un caractère géométrique. Nous donnerons ici un résumé (sans démonstrations) de cette méthode.

Dans l'espace hilbertien on introduit l'orthogonalité au moyen du produit scalaire. En absence d'un tel produit dans les espaces dont il s'agit ici, il faut d'autres moyens pour définir l'orthogonalité de deux vecteurs. Ce moyen est la notion de «plus petite distance» d'un élément à un sous-espace linéaire fermé.

Soit E un espace de Banach n. a. et soit V un sous-espace linéaire fermé de E, $V \neq E$; soit $x_0 \in E$, $x_0 \notin V$. Posons

$$d_0 = \inf_{x \in V} \| x - x_0 \| .$$

On a évidemment $d_0 \neq 0$; d_0 est la plus petite distance de x_0 à V. On démontre la proposition suivante.

Proposition 1. *Supposons que V soit sphériquement complet. Alors il existe un élément $\xi_{x_0} \in V$ tel que*

$$\| x_0 - \xi_{x_0} \| = d_0 .$$

C'est une conséquence immédiate de l'inégalité triangulaire forte que le point ξ_{x_0}, appelé une projection orthogonale de x_0 sur V, n'est pas uniquement déterminé; il existe même une infinité de tels points. Comparer la théorie de l'espace hilbertien.

Dans [75] on appelle l'élément $x \in E$ *orthogonal* à l'espace linéaire fermé $V \subset E$ si $\| x \|$ est la plus petite distance de x à V. Un espace linéaire W est appelé orthogonal à l'espace linéaire V si tout élément de W est orthogonal à V.

On démontre que, si x est orthogonal à l'espace linéaire engendré par y, y est orthogonal à l'espace linéaire engendré par x.

Dans [75] un espace linéaire fermé V^* est appelé un supplémentaire orthogonal de l'espace linéaire fermé V si E est la somme directe de V et V^* et si V^* est orthogonal à V.

On démontre alors la proposition suivante.

Proposition 2. (i) *Supposons que E soit la somme directe des espaces linéaires fermés V_1 et V_2 et que, si $x \in E$ ait la décomposition $x = x_1 + x_2$ ($x_1 \in V_1, x_2 \in V_2$) on a $\|x\| = \max(\|x_1\|, \|x_2\|)$. Alors V_1 et V_2 sont des supplémentaires orthogonaux l'un de l'autre au sens de la définition géométrique donnée ci-dessus.*

(ii) *Inversement, soit V un espace linéaire fermé dans E et supposons que V ait un supplémentaire orthogonal V^* dans ce sens. Alors, si $x = y + z$ ($x \in E$, $y \in V$, $z \in V^*$) on a $\|x\| = \max(\|y\|, \|z\|)$.*

Cette proposition prouve *l'équivalence des deux définitions de l'orthogonalité* (voir la définition 3). Avec ces méthodes on démontre alors la proposition suivante, qu'il faut comparer au théorème 2 ci-dessus.

Proposition 3. *Chaque espace fermé sphériquement complet $V \subset E$ a un supplémentaire orthogonal.*

Dans [75] l'auteur utilise certaines applications linéaires, appelées *projecteurs*, dont voici la définition.

Soit $V \subset E$ un sous-espace linéaire fermé; $V \neq E$. Soit $x \in E$. Un élément ξ_x de V tel que $\|x - \xi_x\|$ est la plus petite distance de x à V est appelée une projection de x sur V.

Une application linéaire P de E dans lui-même qui fait correspondre à tout $x \in E$ une projection uniquement déterminée $Px = \xi_x$ de x sur V est appelé un projecteur.

On démontre qu'un projecteur P satisfait à (i) $P^2 = P$ et (ii) $\|Px\| \leqslant \|x\|$. Comparer la définition usuelle d'un projecteur.

Proposition 4. *Soit T une application linéaire de E dans lui-même avec norme 1 et tel que $T^2 = T$. Alors T est un projecteur.*

Quant à l'existence de projecteurs on a la proposition suivante, qui, avec la proposition 3, fait voir la relation entre les supplémentaires orthogonaux et les projecteurs.

Proposition 5. *Soit V un sous-espace fermé sphériquement complet. Alors il existe des projecteurs de E sur V, et il y a une correspondance biunivoque entre les projecteurs et les supplémentaires orthogonaux.*

Remarquons que pour la démonstration de cette proposition on utilise un théorème d'Ingleton sur le prolongement d'applications linéaires, que nous traiterons dans le chapitre suivant.

A l'aide de cette théorie on peut démontrer de nouveau l'existence de bases orthogonales dans certains cas. Nous renvoyons le lecteur à [75].

Pour les propriétés des projecteurs voir [67].

Pour des problèmes d'approximation en rapport avec la notion d'orthogonalité voir [87].

7.3. Dans tout ce qui précède nous avons exclu le cas où le corps K est muni de la valuation triviale.

Quelques résultats concernant ce cas se trouvent déjà dans [67]. Mentionnons le résultat suivant.

Soit E un espace normé n.a. sur un corps K, muni de la valuation triviale; supposons que E soit localement compact. Alors K est fini.

Robert [106] a fait une étude systématique des espaces normés n.a. sur un corps muni d'une valuation triviale. Il étudie aussi des familles orthogonales dans ces espaces (Robert les appelle «Distinghuished sets»). On y trouve des applications, par exemple à l'allure asymptotique de certaines fonctions.

7.4. Signalons les travaux de Konda [54] et Iseki [46] sur les espaces quasi-normés n.a. de puissance r. Ce sont des espaces munis d'une quasi-norme n.a.; c'est une application de l'espace dans $\mathbf{R}_+$ vérifiant les axiomes usuels, sauf l'axiome $\|ax\| = |a| \cdot \|x\|$, qui est remplacé par

$$\|ax\| = |a|^r \|x\|,$$

où $r \in \mathbf{R}$ $(0 < r < \infty)$.

Ces auteurs généralisent la notion d'ensemble convexe dans ces espaces et ils définissent les espaces quasi-localement convexes.

Kalisch [48] a étudié la classe des espaces linéaires normés n.a., complets et séparables, dont la norme n.a. se déduit d'un produit scalaire, prenant ses valeurs dans K, en ce sens que (i) $|(x,y)| \leqslant \|x\| \cdot \|y\|$, (ii) pour tout $x \in E$ il existe $a \in K$ tel que $\|x\| = |a|$ et (iii) pour tout $x \in E$ il existe $y \in E$ tel que $|(x,y)| = \|x\| \cdot \|y\|$. Kalisch appelle un tel espace un espace hilbertien p-adique. Ces espaces possèdent des propriétés qui ressemblent celles des espaces hilbertiens réels, par exemple l'existence de bases orthonormales, deux vecteurs x et y étant appelés orthogonaux si $(x,y) = 0$. Il faut remarquer que cette notion d'orthogonalité n'est pas équivalente à celle que nous avons définie ci-dessus. Il y a des differences avec les espaces hilbertiens réels, par exemple il existe de formes linéaires continues qu'on ne peut pas représenter par un produit scalaire.

7.5. Quelques auteurs ont étudié les algèbres de Banach non-archimédiennes, dont la définition est évidente; voir Beckenstein [4], Narici [90], Rangachari and Srinivasan [101]. On étudie ces algèbres en tâchant de copier les propriétés des algèbres de Banach réelles. Cependant, il y a des différences essentielles. Par exemple, A étant une algèbre avec unité, M un idéal maximal de A, le corps A/M n'est pas nécessairement isomorphe à K. Nous renvoyons le lecteur pour la théorie et pour des exemples aux travaux cités ci-dessus.

Guennebaud [39] a étudié des algèbres localement convexes sur les corps valués, plus spécialement sur les corps valués n.a.

Nous signalons l'important travail de Van der Put [96] sur les algèbres de fonctions continues p-adiques (voir aussi [94]). L'auteur fait une étude de certaines algèbres de fonctions continues à valeurs dans un corps valué n.a. K, définies sur un espace topologique X. Mentionnons par exemple la structure des idéaux et la connexion entre les idéaux et les filtres sur X. On y applique la théorie des bases orthogonales; exemples de certaines bases sont donnés (voir ci-dessous le no. 8).

8. Comme exemple de la théorie des bases orthogonales nous traitons l'espace $C(X)$ des fonctions continues à valeurs dans K.

Soit $X = \{x \in \mathbf{Q}_p \,|\, |x| \leqslant 1\}$ et soit K un surcorps de $\mathbf{Q}_p$. On démontre que les fonctions polynomes

$$\binom{x}{n} = \frac{x(x-1)\ldots(x-n+1)}{n!}$$

forment une base orthogonale de l'espace normé n.a. $C(X)$. Pour la démonstration voir [1] et Mahler [59].

Van der Put [96] a donné l'exemple suivant.

Soit encore $X = \{x \in \mathbf{Q}_p \,|\, |x| \leqslant 1\}$. Désignons par ψ_n pour $n \geqslant 1$ la fonction caractéristique de la boule

$$\{x \in X \,|\, |x - n| < p^{[p \log n]}\}.$$

Soit $\psi_0 = 1$.

Alors $\{\psi_n \,|\, n \geqslant 0\}$ est une base orthogonale de $C(X)$ pour tout corps K.

Van der Put a appliqué cette base dans la théorie des équations différentielles linéaires (comparer le chapitre II, 2.5.).

9. Il faut mentionner deux articles de Springer ([120], [121]) sur les formes quadratiques sur un corps K muni d'une valuation n.a. discrète. On y trouve quelques propriétés des espaces vectoriels E sur K de dimension finie. Nous mentionnons les propriétés suivantes:

(i) Soit f une forme quadratique sur E et supposons que $f(x,x) \neq 0$ pour $x \neq 0$. Alors

$$\|x\| = |f(x,x)|^{\frac{1}{2}}$$

est une norme n.a. sur E.

(ii) En définissant l'orthogonalité de deux vecteurs x et y de E de la façon connue par $f(x,y)=0$, $f(x,y)$ étant la forme bilinéaire symétrique, associée à la forme quadratique, on démontre que E est la somme directe de deux sous-espaces orthogonaux (on suppose que la caractéristique de K soit $\neq 2$).

Il suit des résultats de Springer que ces sous-espaces sont aussi orthogonaux au sens de notre définition.

Chapitre V

Espaces localement convexes

Dans ce chapitre nous traiterons les propriétés fondamentales de la théorie des espaces localement convexes sur un corps K, muni d'une valuation n. a. non-triviale.

§ 1. Applications linéaires

1.1. Soient E et F des espaces localement convexes sur le corps K. Il est superflu de donner la définition de la notion d'application linéaire continue de E dans F; cela se fait comme dans la théorie des espaces localement convexes sur $\mathbf{R}$. Une application linéaire de E dans K sera appelée une forme linéaire.

La relation entre la continuité et les applications bornées subsiste. On a le théorème suivant.

Théorème 1. *Soient E et F des espaces localement convexes sur K. Supposons que les topologies de E et F soient déterminées respectivement par les familles de semi-normes n. a. continues Γ et Γ'. Soit T une application linéaire de E dans F. Alors, pour que T soit continue il faut et il suffit que pour tout $q \in \Gamma'$ il existe $p \in \Gamma$ et un nombre réel $M > 0$ tel que $q(T(x)) \leqslant M p(x)$ pour tout $x \in E$.*

Démonstration. Voir [77] et [124].

Remarquons d'abord qu'on peut supposer que la famille Γ soit filtrante à droite, c'est à dire que pour tout $p_1 \in \Gamma$, $p_2 \in \Gamma$ il existe $p_0 \in \Gamma$ tel que $p_1 \leqslant p_0, p_2 \leqslant p_0$ dans l'ordre usuel.

C'est évident que la condition du théorème est suffisante. Montrons donc la nécessité.

Soit $q \in \Gamma'$. La continuité de T entraîne qu'il existe $p \in \Gamma$ tel que $p(x) \leqslant 1$ implique $q(T(x)) \leqslant 1$. Soit $M \in \mathbf{R}$, $M > 1$, tel qu'il existe une suite (λ_n), $\lambda_n \in K$, telle que $|\lambda_n| = M^n$ pour $n \in \mathbf{Z}$; on vérifie facilement qu'un tel nombre M existe.

Il faut alors distinguer deux cas.

$1°$ Supposons $p(x) = 0$. Alors $p(\lambda_n x) = 0$, donc $q(T(\lambda_n x)) = M^n q(T(x)) \leqslant 1$, ce qui entraîne $q(T(x)) = 0$.

$2°$ Soit $p(x) \neq 0$. Il existe un entier n tel que

$$M^n < (p(x))^{-1} \leqslant M^{n+1}.$$

On a $p(\lambda_n x) = M^n p(x) < 1$. Donc

$$q(T(\lambda_n x)) = M^n q(T(x)) \leqslant 1.$$

Il s'ensuit

$$q(T(x)) = M^n q(T(x)) \cdot M^{-n} \leqslant M \cdot p(x).$$

Cela démontre le théorème.

Remarque. Dans [67] on démontre qu'une forme linéaire f, définie dans un espace normé n.a. sur un corps muni de la valuation triviale, est continue si et seulement si f est bornée. Ingleton a remarqué que cette équivalence ne subsiste pas dans le cas général d'applications linéaires; pour un contre-exemple voir [45].

Le problème important qui se pose maintenant est le problème du prolongement d'applications linéaires ou, lorsqu'il s'agit de formes linéaires, de la démonstration du théorème de Hahn-Banach dans les espaces que nous considérons ici.

D'une part le théorème de Hahn-Banach n'est pas vrai pour les corps valués quelconques. Le théorème suivant, dû à Ingleton [45], donne une condition nécessaire et suffisante qu'il faut imposer pour que le théorème de Hahn-Banach soit vrai. D'autre part, ce théorème est beaucoup plus général que le théorème classique en ce sens qu'il se rapporte à des applications linéaires d'un espace E dans un espace F, et non seulement à des formes linéaires.

Soient E et F des espaces linéaires sur K. Soit p une semi-norme n.a. sur E et q une semi-norme n.a. sur F. Soit V un sous-espace linéaire de E. Soit T une application linéaire bornée de V dans F; cela veut dire que, en posant

$$\|T\| = \sup_{p(x) \neq 0} \frac{q(T(x))}{p(x)},$$

on a $\|T\| < \infty$ et

$$q(T(y)) \leqslant \|T\| \cdot p(y), \qquad y \in V.$$

On a alors le théorème suivant.

Théorème 2. *Supposons que F soit q-sphériquement complet. Alors il existe une application linéaire bornée T_0 de E dans F qui est un prolongement de T tel que $\|T\| = \|T_0\|$.*

Démonstration (voir [45], [77]).

Soit $x_0 \in E$, $x_0 \notin V$. Nous allons démontrer qu'il existe un prolongement linéaire de T à $V + K x_0$; cela étant prouvé, la démonstration est achevée par une application du lemme de Zorn.

Soit $B(T(y), r)$ la q-boule dans F définie par

$$q(\xi - T(y)) \leqslant r(y), \quad \xi \in F, y \in V, r(y) = \|T\| \cdot p(y - x_0).$$

Soit Λ la famille de ces q-boules pour y parcourant V. L'intersection de deux quelconques de ces boules n'est pas vide puisque

$$q(T(y_1) - T(y_2)) \leqslant \|T\| \cdot p(y_1 - y_2)$$
$$\leqslant \|T\| \cdot \max(p(y_1 - x_0), p(y_2 - x_0))$$
$$= \max(r(y_1), r(y_2)),$$

d'où il suit

$$T(y_1) \in B(T(y_2), r_2)$$

ou

$$T(y_2) \in B(T(y_1), r_1).$$

Il s'ensuit que Λ est totalement ordonné par inclusion et, F étant q-sphériquement complet, il existe $\xi_0 \in F$ tel que

$$\xi_0 \in \bigcap_{y \in V} B(T(y), r).$$

Prenons $x = y + \lambda x_0$, $y \in V$, $\lambda \in K$. Posons

$$T_0(x) = T(y) + \lambda \xi_0.$$

On a ainsi défini un prolongement linéaire de T et $\|T\| = \|T_0\|$. En effet, on a

$$q(\xi_0 - T(y)) \leqslant r(y)$$

pour tout $y \in V$, donc

$$q(T_0(x)) = |\lambda| \cdot q(T(\lambda^{-1} y) + \xi_0)$$
$$\leqslant |\lambda| \cdot r(-\lambda^{-1} y)$$
$$= |\lambda| \cdot \|T\| \cdot p(-\lambda^{-1} y - x_0)$$
$$= \|T\| \cdot p(x).$$

Remarques. 1. Au moyen du théorème 1 le théorème 2 s'applique aus espaces localement convexes.

2. Gruson [38] a étudié certaines catégories d'espaces de Banach n.a. En particulier il a considéré la catégorie (enc) des espaces de Banach n.a. sur K, les morphismes étant les applications linéaires diminuant la norme. Il démontre alors la proposition suivante, qu'il faut comparer au théorème 2:

*Soit E un espace de Banach n.a. Les conditions suivantes sont équi-
valentes:* (i) *E est un objet injectif de* (enc), (ii) *toute suite décroissante de
boules de E est d'intersection non-vide.*

3. Voir Nachbin [89] pour un théorème analogue dans les espaces
normés sur **R**. L'inégalité triangulaire forte entraîne que la condition
qu'on impose à F est moins restrictive dans le cas non-archimédien que
dans le cas des espaces réels. Une des conséquences est que dans le cas
non-archimédien on obtient un théorème valable dans des situations
beaucoup plus générales que dans le cas réel. Dans ce dernier cas, le
théorème (voir [89]) est surtout d'importance pour les formes linéaires
et c'est alors le théorème de Hahn-Banach.

Le théorème suivant montre que la condition du théorème 2 est
nécessaire pour la validité de la propriété de prolongement.

Théorème 3. *Soit q une semi-norme n.a. sur F. Supposons que F ne
soit pas q-sphériquement complet. Alors il existe un espace linéaire E qui
ne possède pas la propriété que chaque application linéaire bornée d'un
sous-espace vectoriel V de E dans F admet un prolongement linéaire de
la même norme de E tout entier dans F.*

Démonstration. Il existe dans F une suite de q-boules $B_n \supset B_{n+1}$
strictement décroissante, telle que $\cap B_n = \emptyset$. Soit

$$B_n = \{x \in F \mid q(x - \xi_n) \leqslant r_n\}.$$

Définissons une fonction Φ sur F à valeurs dans $\mathbf{R}_+^*$ de la façon suivante.
Pour $x \in F$, il existe $n \in \mathbf{N}$ tel que $x \notin B_n$. Posons

$$\Phi(x) = q(x - \xi_n).$$

On voit aisément que $\Phi(x)$ ne dépend pas de la valeur de n.
Considérons l'espace $E = F \oplus K$ et définissons sur E une semi-norme
n.a. p par

$$p((x, \lambda)) = |\lambda| \Phi(\lambda^{-1} x) \qquad (\lambda \neq 0),$$

$$p((x, 0)) = q(x).$$

On vérifie que p est une semi-norme n.a. sur E. E contient un sous-espace
(pour $\lambda = 0$) F' qui est isométrique à F. Supposons alors que toute
application d'un sous-espace de E dans F possède un prolongement de
la forme considérée. Alors il existe en particulier une projection de
norme 1 de E dans F', comme prolongement de l'application identique
dans F'. Désignons cette projection par P. Supposons

$$P(0, -1) = (x_0, 0).$$

Alors pour tout $x \in F$

$$P(x, 1) = (x - x_0, 0).$$

Donc

$$q(x - x_0) \leqslant p((x, 1)) = \Phi(x).$$

En particulier pour $x \in B_n$

$$q(x - x_0) \leqslant r_n$$

d'où il suit que $x_0 \in \cap B_n$, ce qui donne une contradiction.

En prenant dans les théorèmes précédents pour F le corps K, considéré comme espace normé n. a. sur lui-même, le théorème 2 est du type du théorème de Hahn-Banach classique.

Remarques. 1. Les théorèmes 2 et 3 furent démontrés par Ingleton dans le cas d'espaces normés n. a. [45]. L'extension pour des espaces localement convexes se trouve dans [77].

2. Monna [67] a donné une condition suffisante pour la validité du théorème de Hahn-Banach dans les espaces normés n. a., à savoir la condition que l'ensemble $\{\|x\| \mid x \in E\}$ soit discret dans $\mathbf{R}_+^*$, ce qui implique que la valuation de K soit discrète, donc que K soit c-compact (sphériquement complet).

Cohen [16] a démontré qu'il suffit que la valuation de K soit discrète. Enfin, une condition nécessaire et suffisante fut donnée par Ingleton (théorème 2).

D'après ce qui précède, une condition nécessaire et suffisante pour que le théorème de Hahn-Banach soit vrai pour tout espace normé n. a. est que K soit c-compact. Pour les espaces normés n. a. de type dénombrable sur un corps K quelconque muni d'une valuation n. a. — c'est à dire en supprimant la condition que K soit c-compact — on peut encore démontrer une proposition concernant le prolongement d'une forme linéaire f, mais il faut alors faire tomber la restriction que la forme linéaire prolongée ait la même norme que f. On a la propsition suivante.

Soit K un corps valué n. a. Soit E un espace normé n. a. sur K de type dénombrable. Soit V un sous-espace linéaire de E. Soit f une forme linéaire bornée sur V. Alors il existe pour tout $\varepsilon > 0$ une forme linéaire bornée ϕ sur E qui est un prolongement de f satisfaisant

$$\|\phi\| \leqslant (1 + \varepsilon) \|f\|_V.$$

Cela se démontre en prenant $x_0 \in E$, $x_0 \notin V$, et en construisant un prolongement convenable de f à l'espace linéaire engendré par x_0 et V (comparer Monna [67] III). Puisque E est de type dénombrable, une suite de tels prolongements suffit pour démontrer l'existence d'un prolongement possédant la propriété désirée (on peut éviter le lemme de Zorn). Comparer la démonstration de l'existence d'une α-base (théorème 8, chapitre IV).

Remarquons que si K est c-compact on peut prendre $\varepsilon = 0$.

Ingleton [45] a montré le résultat suivant: si le théorème de Hahn-Banach est vrai dans un espace vectoriel normé E sur un corps K, muni d'une valuation n. a., alors E est un espace normé n. a.

Plus général, on a le théorème suivant ([77], [124]).

Théorème 4. *Soit E un espace vectoriel sur K; soit p une semi-norme sur E (on ne suppose pas que p est non-archimédienne). Supposons que le théorème de Hahn-Banach soit vrai dans E en ce qui concerne les formes linéaires, bornées par rapport à p. Alors p est n.a.*

Démonstration. Soient $x_0 \in E$, $y_0 \in E$. Si $p(x_0 + y_0) = 0$ on a $p(x_0 + y_0) \leqslant \max(p(x_0), p(y_0))$. Supposons $p(x_0 + y_0) \neq 0$. Soit V le sous-espace vectoriel engendré par $x_0 + y_0$. Soit f l'application linéaire de V dans K définie par

$$f(\lambda(x_0 + y_0)) = \lambda \qquad (\lambda \in K).$$

Si $z \in V$, $z = \lambda(x_0 + y_0)$, on a

$$|f(z)| = |\lambda| = p(\lambda(x_0 + y_0)) \cdot p(x_0 + y_0)^{-1}$$
$$= p(z) \cdot p(x_0 + y_0)^{-1}.$$

En vertu de la supposition il existe une forme linéaire F sur E qui est un prolongement de f tel que

$$|F(x)| \leqslant p(x_0 + y_0)^{-1} \cdot p(x) \qquad (x \in E).$$

Alors on a

$$p(x_0 + y_0) = p(x_0 + y_0) \cdot |F(x_0 + y_0)|$$
$$\leqslant p(x_0 + y_0) \cdot \max(|F(x_0)|, |F(y_0)|)$$
$$\leqslant \max(p(x_0), p(y_0)),$$

ce qui démontre le théorème.

Mentionnons comme conséquence de cette propriété que le théorème de Hahn-Banch n'est pas vrai dans l'espace l^1 que nous avons défini dans le chapitre III, 1.4. exemple (vii). Cependant, le dual de l^1 n'est pas trivial; pour les formes linéaires continues sur l^1 voir [61].

1.2. Prenons $F = K$ dans le théorème 2. On obtient alors comme corollaires de ce théorème des propositions concernant l'existence de formes linéaires continues.

Corollaire 1. *Supposons que K soit c-compact. Soient E un espace vectoriel sur K et $p \neq 0$ une semi-norme n. a. sur E. Soient $C \in K$, $C \neq 0$*

et $x_0 \in E$ *tel que* $p(x_0) \neq 0$. *Alors il existe sur* E *une forme linéaire continue* F *telle que*

$$F(x_0) = C,$$

$$|F(x)| \leqslant \frac{C}{p(x_0)} p(x) \quad (x \in E).$$

La démonstration se fait comme dans le cas classique.

Corollaire 2. *Supposons que la semi-norme n.a.* p *du corollaire 1 soit telle que* $\{p(x) \,|\, x \in E\} \subset \{|a| \,|\, a \in K\}$. *Soit* $C \in K$ *tel que* $|C| = p(x_0)$. *Alors il existe une forme linéaire* F *telle que*

$$|F(x_0)| = p(x_0),$$

$$|F(x)| \leqslant p(x) \quad (x \in E).$$

Il s'ensuit encore qu'il existe une forme linéaire continue F telle que $F(x_0) = 1$.

Van Tiel a démontré les théorèmes suivants concernant l'existence de certaines formes linéaires, vérifiant certaines conditions.

Théorème 5. *Supposons que* K *soit c-compact. Soient* E *un espace localement convexe,* A *une partie fermée convexe de* E, $x_0 \in E$, $x_0 \notin A$.

(i) *Si la valuation de* K *est dense, il existe une forme linéaire continue* f *sur* E *telle que* $f(x_0) = 1$ *et* $|f(A)| \leqslant 1$.

(ii) *Si la valuation de* K *est discrète, il existe une forme linéaire continue* f *sur* E *telle que* $|f(x_0)| > 1$, $|f(A)| \leqslant 1$.

Théorème 6. *Supposons que* K *soit c-compact. Soient* E *un espace localement convexe,* M *un sous-espace vectoriel fermé de* E, $x_0 \in E$, $x_0 \notin M$. *Alors il existe une forme linéaire continue* f *sur* E *telle que* $f(M) = \{0\}$, $f(x_0) = 1$.

Pour les démonstrations voir [124].

Monna [86] a démontré le théorème suivant.

Soit E un espace localement convexe sur K. Supposons que la topologie de E soit déterminée par la famille Γ de semi-normes n.a. Posons

$$N_p = \{p(x) \,|\, x \in E\},$$

$$N_K = \{|a| \,|\, a \in K\}.$$

Supposons que $N_p \subset N_K$ pour tout $p \in \Gamma$. Soit F un espace normé n.a. sur K, normé par $\|\cdot\|$. Supposons que F soit sphériquement complet. Soit G une partie de E; soit ϕ une application de G dans F.

Théorème 7. *Pour qu'il existe une application linéaire continue T de E dans F vérifiant*

(i) $T(x) = \phi(x)$ *pour* $x \in G$,

(ii) *il existe* $p \in \Gamma$ *tel que* $\displaystyle\sup_{p(x) \leqslant 1} \|T(x)\| \leqslant M$,

il faut et il suffit qu'il existe $p \in \Gamma$ *tel que*

$$\left\| \sum_{i=1}^{n} a_i \phi(x_i) \right\| \leqslant M \cdot p\left(\sum_{i=1}^{n} a_i x_i \right)$$

pour toute suite finie $(x_i)_{1 \leqslant i \leqslant n}$, $x_i \in G$ *et tout* $a_i \in K$.

Le théorème suivant se démontre également comme dans le cas classique.

Théorème 8. *Supposons que K soit c-compact. Soit E un espace vectoriel topologique sur K. Pour qu'il existe sur E une forme linéaire continue* $\neq 0$ *il faut et il suffit qu'il existe dans E un voisinage convexe de* 0.

Remarquons que cette condition est plus faible que la convexité locale de E (comparer l'espace l^1; chapitre III, 3.5., exemple (iv)).

1.3. Les théorèmes précédents montrent que, si K est c-compact, il existe des formes linéaires continues $\neq 0$ sur tout espace localement convexe sur K.

Considérons en particulier les espaces normés n.a. sur un corps K. Pour un tel espace E, désignons par E' l'espace linéaire des formes linéaires continues sur E. Définissons

$$\|f\| = \sup_{x \neq 0} \frac{|f(x)|}{\|x\|}$$

pour tout $f \in E'$. On vérifie que $\|f\|$ est une norme n.a. sur E' et pour cette norme E' est un espace normé n.a. sur K; c'est *le dual de E*. On démontre que E' est complet.

Si $N_E \subset N_K$ ou si N_K est dense dans $\mathbf{R}_+^*$, la définition de $\|f\|$ se réduit à

$$\|f\| = \sup_{\|x\| \leqslant 1} |f(x)|.$$

Considérons un espace $c(I)$. On peut alors expliciter les formes linéaires continues. On vérifie que toute forme linéaire continue f s'écrit

$$f(x) = \sum_{i \in I} a_i x_i,$$

où $x = (x_i)_{i \in I} \in c(I)$ et où $a_i \in K$ tel que $\sup_{i \in I} |a_i| < \infty$.

Le dual de c(I) est isomorphe à l'espace b(I) des familles bornées d'éléments de K.

En particulier le dual de c_0 est isomorphe à l^∞.

On a la proposition suivante pour les espaces orthogonalisables.

Soit E un espace de Banach n.a. orthogonalisable et soit $(x_i)_{i\in I}$ une base orthogonâle; supposons $N_E \subset N_K$. Alors le dual E' de E est isomorphe à $b(I)$.

Considérons enfin l'espace S_c des suites convergentes $x = (x_i)_{i\in N}$. On démontre aisément que toute forme linéaire continue f sur S_c s'ecrit

$$f(x) = \alpha C + \sum_1^\infty C_n(x_n - \alpha),$$

où $\lim_{n\to\infty} x_n = \alpha$, $C \in K$, $C_n \in K$ et (C_n) est une suite bornée. Inversement, toute fonction sur S_c de cette forme est une forme linéaire continue sur S_c. Il s'ensuit que S_c' est isomorphe à l^∞.

1.4. On sait qu'il existe des espaces vectoriels topologiques sur **R** dont le dual se réduit à 0, c'est à dire que chaque forme linéaire continue est 0. Les espaces $l^p(0 < p < 1)$ en sont des exemples.

Van der Put et Van Tiel [97] ont démontré qu'il en est de même dans la théorie des espaces vectoriels topologiques sur un corps valué n.a. K. Il existe même des espaces normés n.a. tels que le dual est 0. Ils démontrent le théorème suivant.

Théorème 9. *Pour tout corps K qui n'est pas c-compact, il existe un espace normé n.a. (non réduit à 0) sur K sont le dual est 0.*

Démonstration. Soit K un corps non c-compact; soit E une extension immédiate maximale de K. On sait que E, considéré comme espace linéaire sur K, est sphériquement complet. Supposons qu'il existe une application linéaire continue f de E sur K. D'après la proposition 4 (chapitre III, § 4) $E/\ker f$ est sphériquement complet. Comme $E/\ker f$ et K sont isomorphes, il s'ensuit que K est sphériquement complet (c-compact), contrairement à l'hypothèse.

A titre d'exemple on peut considérer les corps des séries formelles que nous avons définis dans ce qui précède (chapitre III, 4.2.).

§ 2. Dualité

Un chapitre important de la théorie des espaces localement convexes est la théorie de la dualité. Dans ce paragraphe nous traitons cette théorie dans les espaces vectoriels topologiques sur un corps valué n.a. K.

Quelques résultats, plus spécialement en ce qui concerne les espaces normés n.a., se trouvent déjà dans les travaux de Monna [69] et Fleischer [29]. Une théorie systématique de la dualité dans les espaces localement convexes sur K a été développée par Van Tiel [124], [126].

Ces travaux montrent que la méthode pour étudier la dualité est en grande partie analogue à la méthode usuelle pour les espaces sur **R**. Les outils nécessaires sont disponibles: le théorème de Hahn-Banach et ses conséquences et la séparation des convexes, que nous traiterons dans le paragraphe 3. Cependant, il y a dans les résultats une différence essentielle avec la théorie des espaces sur **R**, savoir dans la réflexivité.

2.1. Nous traiterons d'abord la *réflexivité dans les espaces normés n.a.*

Ayant introduit au paragraphe précédent le dual E' d'un espace normé n.a., on introduit le *bidual* E'' comme dans le cas classique. On appelle l'espace E *réflexif* si $E'' = E$.

On obtient aisément des résultats dans ce cas au moyen des théorèmes structurels du chapitre IV.

Supposons que la valuation de K soit discrète. Soit E un espace orthogonalisable; supposons $N_E \subset N_K$. Nous savons que E est isomorphe avec sa norme à un espace $c(I)$ et que le dual de E est isomorphe à l'espace $b(I)$, normé n.a. par $\|a\| = \sup_{i \in I} |a_i|$. La norme étant discrète, $b(I)$ est orthogonalisable. Par une comparaison de la puissance de I (c'est à dire de la puissance de la base orthogonale de E) et celle de la base de $b(I)$ (voir [29]), on obtient la proposition suivante.

Théorème 1. *Aucun espace normé n.a. de dimension infini sur un corps valué discret vérifiant $N_E \subset N_K$, n'est réflexif.*

Pour les espaces séparables ce résultat, démontré d'une autre façon, se trouve déjà dans [69].

Dans ce qui précède (chapitre IV, théorème 7) nous avons déjà mentionné le théorème suivant, qui est plus fort que la propriété précédente:

Tout espace de Banach réflexif sur un corps c-compact (sphériquement complet) est de dimension finie.

La démonstration de ce théorème se fait avec la théorie des familles orthogonales (pour une autre démonstration voir [124]).

En se limitant aux corps c-compacts, il n'existe donc pas d'espaces de Banach n.a. réflexifs de dimension infinie.

Cependant, Van der Put a montré que la situation est différente si le corps K n'est pas c-compact. En effet, il démontre la proposition suivante.

Théorème 2. *Si le corps K n'est pas c-compact, les espaces c_0 et l^∞ sont réflexifs.*

Il faut d'abord quelques propriétés auxiliaires.

Soit E un espace normé n.a. Désignons par $l^\infty(E)$ l'espace dont les éléments sont les suites bornées $x = (x_i)_{i \in \mathbb{N}}$ d'éléments de E normé par $\|x\| = \sup \|x_i\|$. Nous désignons par $c_0(E)$ l'espace des suites $(x_i)_{i \in \mathbb{N}}$, $x_i \in E$, tendant vers 0, normé de la même façon.

Proposition 1. *L'espace quotient* $l^\infty(E)/c_0(E)$ *est sphériquement complet.*

Nous supprimons la démonstration facile.

Proposition 2. *Les conditions suivantes sur K sont équivalentes.*
(i) *K est c-compact.*
(ii) *Pour tout sous-espace V d'un espace normé n.a. E et tout* $f \in V'$ *il existe un prolongement* $g \in E'$ *tel que* $\|g\| = \|f\|$.
(iii) *Il existe* $g \in (l^\infty)'$ *tel que*

$$g(x) = \sum_{n \in \mathbf{N}} x_n \quad (x \in c_0).$$

(iv) $(l^\infty/c_0)' \neq 0$.

Démonstration. (i) $\Rightarrow$ (ii) est une conséquence du théorème 2 (Ingleton).
(ii) $\Rightarrow$ (iii) Prenons $E = l^\infty$, $V = c_0$ et

$$f(x) = \sum_{n \in \mathbf{N}} x_n \quad (x \in c_0).$$

(iii) $\Rightarrow$ (iv) Pour $x \in l^\infty$ définissons $Tx \in l^\infty$ par $(Tx)_n = x_{n+1}$. Posons $h(x) = x_1 + g(Tx) - g(x)$ pour $x \in l^\infty$. On a $h \in (l^\infty)'$ et $h = 0$ sur c_0, $h \neq 0$ puisque $h((1,1,\ldots)) = 1$. Alors $x + c_0 \to h(x)$ est un élément $\neq 0$ de $(l^\infty/c_0)'$.
(iv) $\Rightarrow$ (i) Soit $f \in (l^\infty/c_0)'$, $f \neq 0$.

D'après la proposition 1 et la proposition 9 du chapitre III $(l^\infty/c_0)/\ker f$ est sphériquement complet; il en résulte (i).

Maintenant nous pouvons démontrer le théorème 2.

Démonstration. Il faut prouver que pour chaque $f \in (l^\infty)'$ il existe $a = (a_1, a_2, \ldots) \in c_0$ tel que $f(x) = \Sigma a_n x_n$ pour tout $x = (x_1, x_2, \ldots) \in l^\infty$ et que $\|f\| = \|a\|$.

L'injection $c_0 \subset l^\infty$ entraîne qu'il existe $a = (a_1, a_2, \ldots) \in l^\infty$ tel que $f(x) = \Sigma a_n x_n$ pour tout $x = (x_1, x_2, \ldots) \in c_0$; on a $\|a\| = \|f\,|c_0\| \leqslant \|f\|$.

Puisque, par hypothèse, K n'est pas c-compact il suit de la proposition 2 qu'il existe au plus un prolongement continu $l^\infty \to K$ d'un élément de c_0'. Alors, si nous démontrons que $a \in c_0$, il s'ensuit que $f(x) = \Sigma a_n x_n$ pour tout $x \in l^\infty$ et $\|f\| \leqslant \|a\|$, ce qui achève alors la démonstration.

Supposons $a \notin c_0$. Il existe alors $\varepsilon > 0$ et une suite $i_1 < i_2 < \ldots$ d'entiers tel que $|a_{i_n}| \geqslant \varepsilon$ pour $n \in \mathbf{N}$. Définissons une transformation linéaire continue T de l^∞ dans l^∞ par

$$(Tx)_{i_n} = (a_{i_n})^{-1} x_n, \quad n \in \mathbf{N},$$
$$(Tx)_m = 0 \quad \text{pour } m \notin \{i_1, i_2, \ldots\}.$$

On a $f \circ T \in (l^\infty)'$ et $Tx \in c_0$ pour tout $x \in c_0$. Il s'ensuit $f \circ T(x) = f(Tx) = \Sigma a_n (Tx)_n = \Sigma x_n$. Alors il suit de la proposition 2 que K serait c-compact, en contradiction avec l'hypothèse.

Remarques. 1. Van der Put [98] a donné une méthode générale pour construire des espaces réflexifs sur un corps non c-compact.

Dans ce travail cet auteur étudie des propriétés catégorielles des espaces de Banach n.a. Il y pose le problème de caractériser les espaces réflexifs. Pour cela il semble utile de faire une comparaison avec les critères concernant la réflexivité dans les espaces de Banach réels (voir Köthe [55]). Pour une telle étude il est désirable d'avoir à sa disposition un nombre d'exemples d'espaces; les exemples dont on dispose jusqu'ici sont trop peu variés.

2. Dans ce même travail Van der Put remarque qu'il existe des espaces de Banach n.a. E sur un corps *non c-compact* K qui sont isomorphes à leur dual E'. Il donne l'exemple suivant: on peut prendre $E = c_0 \oplus l^\infty$, muni de la norme n.a. $\max(\|x\|, \|y\|)$, $x \in c_0$, $y \in l^\infty$; voir le théorème 2.

On peut définir sur cet espace E une forme bilinéaire $(.,.)$, prenant ses valeurs dans K, telle que pour tout $f \in E'$ il existe $a \in E$ tel que $f(z) = (z, a)$ pour tout $z \in E$. L'inégalité de Schwarz subsiste: $|(z_1, z_2)| \leqslant \|z_1\| \cdot \|z_2\|$.

On peut appeler cet espace un espace de Hilbert n.a. (comparer Kalisch [48]). Il serait intéressant d'étudier de tels espaces, par exemple en ce qui concerne les opérateurs hermitiens et une décomposition spectrale.

3. Plusieurs problèmes se posent dans ce domaine. Par exemple le suivant. On sait que, dans la théorie des espaces de Banach sur **R**, il existe des espaces de Banach qui ne sont pas le dual d'un autre espace de Banach; par exemple l'espace c_0 (voir Köthe [55]).

Est ce qu'il existe de tels espaces dans la théorie non-archimédienne?

Plus général, une étude de la suite E, E', E'', E''',... des espaces duals successifs d'un espace de Banach n.a. E serait intéressant.

2.2. Considérons maintenant *la dualité dans les espaces localement convexes E sur un corps c-compact* (voir Van Tiel [124], [126]). Introduisant les topologies faibles comme usuelle, Van Tiel obtient des résultats sur les topologies compatibles avec une dualité entre deux espaces vectoriels. Il donne une caractérisation de ces topologies (topologie de Mackey).

Remarquons que Van Tiel introduit la notion de pseudo-polaire d'une partie de E. Soit A une partie de E. On appelle *pseudo-polaire A^p* de A dans E' l'ensemble $\{f \in E' \,||\, f(A)| < 1\}$.

On appelle *pseudo-bipolaire A^{pp}* de A l'ensemble $\{x \in E \,||\, A^p(x)| < 1\}$. Quant à la relation entre A et A^{pp} Van Tiel démontre le résultat suivant:

Supposons $0 \in A$. Alors, pour que $A = A^{pp}$ il faut et il suffit que A soit convexe et fermé.

Notons que Van Tiel a aussi introduit la notion usuelle d'ensemble polaire convexe $A^0 = \{f \in E' \,|\, |f(A)| \leqslant 1\}$, mais la notion de pseudo-polaire est plus adéquate dans la théorie des espaces n.a.

Pour tout cela nous renvoyons le lecteur aux travaux de Van Tiel.

Nous précisons quelques résultats sur la réflexivité. La définition des espaces semi-réflexifs et réflexifs se fait comme dans le cas des espaces réels.

On a les théorèmes suivants.

Théorème 3. *Supposons que toute partie convexe faiblement fermée et faiblement bornée de l'espace localement convexe E soit faiblement c-compacte. Alors E est semi-réflexif.*

Théorème 4. *Soit E un espace tonnelé. Supposons que toute partie convexe, faiblement fermée et faiblement bornée de E soit faiblement c-compacte. Alors E est réflexif.*

Pour les démonstrations nous renvoyons le lecteur à [124].

Nous avons déjà remarqué qu'il n'existe pas d'espaces normés n.a. réflexifs de dimension infinie sur un corps c-compact. Pour les espaces localement convexes non normés la situation est différente.

Théorème 5. *Pour tout corps c-compact K il existe un espace localement convexe, réflexif, de dimension infinie.*

On démontre ([124]) que les espaces F (chapitre III, 3.5., exemple (vi)) et E (chapitre III, 3.6., exemple (vii)) sont des espaces réflexifs et qu'ils sont les duals forts l'un de l'autre.

2.3. Les espaces de Banach n.a. possèdent une propriété remarquable en ce qui concerne la convergence faible des suites.

Supposons que le corps K soit c-compact; soit E un espace de Banach n.a. sur K. Supposons que $N_E \subset N_K$. Soit E' le dual de E.

Comme usuel, on dit qu'une suite $(x^{(n)})_{n \in \mathbb{N}}$, $x^{(n)} \in E$, *converge faiblement vers* $x \in E$ si

$$\lim_{n \to \infty} f(x^{(n)}) = f(x)$$

pour tout $f \in E'$.

On dit que la suite *converge fortement vers* x si

$$\lim_{n \to \infty} \|x^{(n)} - x\| = 0.$$

La convergence forte d'une suite entraîne la convergence faible. On a le théorème suivant.

Théorème 6. *Toute suite* $(x^{(n)})_{n \in \mathbf{N}}$ *faiblement convergente vers* x, *converge fortement vers* x.

Démonstration. Remarquons d'abord qu'il suffit de considérer le cas où $x = 0$.

Considérons l'espace $[x^{(n)}]_{n \in \mathbf{N}}$, engendré par la suite $(x^{(n)})$ et soit E_1 la fermeture de cet espace. En vertu du théorème 3, chapitre IV, E_1 est un espace orthogonalisable. Il existe donc une base orthonormale $(e_i)_{i \in \mathbf{N}}$ telle que

$$x^{(n)} = \sum_{i=1}^{\infty} x_i^{(n)} e_i, \; n \in \mathbf{N},$$

et

$$\|x^{(n)}\| = \sup_{1 \leqslant i < \infty} |x_i^{(n)}|.$$

Remarquons que la restriction de tout $f \in E'$ à E_1 est dans E_1' et que, inversement, tout élément de E_1' admet un prolongement appartenant à E' (théorème d'Ingleton). Puisque E_1' est isomorphe à l^∞, la convergence faible de $(x^{(n)})$ vers 0 se traduit donc par la propriéte suivante:

(1) $$\lim_{n \to \infty} \sum_{i=1}^{\infty} C_i x_i^{(n)} = 0$$

pour toute suite (C_i), $C_i \in K$, telle que

(2) $$\sup_i |C_i| < \infty.$$

Il faut montrer qu'on a

(3) $$\lim_{n \to \infty} \left(\sup_{1 \leqslant i < \infty} |x_i^{(n)}| \right) = 0.$$

On a
(4) $$\lim_{n \to \infty} x_i^{(n)} = 0$$

pour chaque valeur de i.

Supposons alors qu'on a

(5) $$\varlimsup_{n \to \infty} \left(\sup_i |x_i^{(n)}| \right) > \varepsilon > 0.$$

Soit $n_1 \in \mathbf{N}$ la plus petite valeur de n tel qu'on a

(6) $$\sup_{1 \leqslant i < \infty} |x_i^{(n)}| > \varepsilon.$$

Ce nombre existe en vertu de (5).

Soit ensuite $r_1 \in \mathbf{N}$ la plus petite valeur de r tel qu'on a simultanément

(7)
$$\sup_{1 \leqslant i \leqslant r} |x_i^{(n_1)}| > \varepsilon,$$

et

(8)
$$\sup_{r+1 \leqslant i < \infty} |x_i^{(n_1)}| < \varepsilon.$$

Ce nombre existe en vertu de (6) et puisqu'on a pour tout $n \in \mathbf{N}$

$$\lim_{i \to \infty} x_i^{(n)} = 0.$$

Soit $i_1 \in \mathbf{N}$, $1 \leqslant i_1 \leqslant r_1$ une valeur de i tel qu'on a

(9)
$$\sup_{1 \leqslant i \leqslant r_1} |x_i^{(n_1)}| = |x_{i_1}^{(n_1)}|.$$

Déterminons successivement une suite bornée d'éléments de K. Soit

$$C_i = 0 \quad \text{pour} \quad 1 \leqslant i \leqslant r_1, i \neq i_1, |C_{i_1}| = 1.$$

A ce moment les C_i pour $i \geqslant r_1 + 1$ restent indéterminés, à condition cependant qu'on ait

$$|C_i| \leqslant 1.$$

Il suit alors de (7), (8), (9) et l'inégalité triangulaire forte qu'on a

(10)
$$\left| \sum_{i=1}^{\infty} C_i x_i^{(n_1)} \right| = |C_{i_1}| |x_{i_1}^{(n_1)}| > \varepsilon.$$

A partir de n_1 et r_1 nous déterminons des suites croissantes (n_k) et (r_k) comme il suit.

Supposons qu'on a déterminé n_{k-1} et r_{k-1} et déterminons alors n_k et r_k.

Soit $n_k \in \mathbf{N}$ le plus petit nombre $> n_{k-1}$ tel que

(11)
$$\sup_{1 \leqslant i < \infty} |x_i^{(n_k)}| > \varepsilon$$

et

(12)
$$\sup_{1 \leqslant i \leqslant r_{k-1}} |x_i^{(n_k)}| < \varepsilon.$$

Il suit de (4) et (5) que ce nombre existe.

Puis, soit $r_k \in \mathbf{N}$ le plus petit nombre $> r_{k-1}$ tel que

(13)
$$\sup_{r_{k-1}+1 \leqslant i \leqslant r_k} |x_i^{(n_k)}| > \varepsilon,$$

(14)
$$\sup_{r_k+1 \leqslant i < \infty} |x_i^{(n_k)}| < \varepsilon.$$

Soit $i_k \in \mathbf{N}$, $r_{k-1}+1 \leqslant i_k \leqslant r_k$ une valeur de i telle qu'on a

$$\sup_{r_{k-1}+1 \leqslant i \leqslant r_k} |x_i^{(n_k)}| = |x_{i_k}^{(n_k)}| .$$

Fixons ensuite les éléments C_i pour $i \geqslant r_1 + 1$ (nous avons posé la condition $|C_i| \leqslant 1$). On pose

$$C_i = 0 \quad \text{pour} \quad r_{k-1}+1 \leqslant i \leqslant r_k, \quad i \neq i_k$$

et on choisit C_{i_k} tel que $|C_{i_k}| = 1$.

On a ainsi déterminé une suite bornée $(C_i)_{i \in \mathbf{N}}$.

En vertu inégalités précédentes on a

(15) $$\left| \sum_{i=1}^{\infty} C_i x_i^{(n_k)} \right| = |C_{i_k}| \cdot |x_{i_k}^{(n_k)}| > \varepsilon .$$

D'après (1) on a

$$\lim_{k \to \infty} \Sigma C_i x_i^{(n_k)} = 0 ,$$

ce qui donne une contradiction avec (15). Le théorème est ainsi démontré.

Appelons une suite $(x^{(n)})_{n \in \mathbf{N}}$, $x_n \in E$ faiblement convergente si $\lim\limits_{n \to \infty} f(x^{(n)})$ existe pour tout $f \in E'$. Nous dirons que E est *semi faiblement complet* si toute suite faiblement convergente converge faiblement vers un élément de E.

Théorème 7. *Supposons K c-compact. Chaque espace de Banach n.a. sur K, vérifiant $N_E \subset N_K$, est semi faiblement complet.*

La démonstration se fait analogue que celle du théorème 6.

Comme usuel on définit sur E une topologie — la topologie faible — qui correspond à la convergence faible. Un système fondamental de voisinages de $x_0 \in E$ est formé par les ensembles

$$\{x \in E \mid |f(x-x_0)| < \varepsilon, f \in \Lambda\} ,$$

où $\varepsilon > 0$ et Λ est un sous-ensemble fini de E'.

La convergence d'une suite par rapport à cette topologie est identique à la convergence faible de cette suite.

Cependant, si la dimension de E est infinie, la topologie, définie par la norme, n'est pas identique à la topologie faible.

Exemple. Considérons l'espace E_1 de la démonstration du théorème 6. Tout $x \in E_1$ s'écrit

$$x = \sum_{i=1}^{\infty} x_i e_i .$$

Soit

$$A = \left\{ x \mid \|x\| = \sup_i |x_i| \geqslant 1 \right\} .$$

Nous allons démontrer que 0 est un point d'accumulation de A dans la topologie faible.

Soit U un voisinage de 0 en prenant pour Λ le système $f_1, \ldots, f_m$; $f_i \in E'_1$. Supposons que $f_1, \ldots, f_n$ $(n \leqslant m)$ soient linéairement indépendant tandis que $f_{n+1}, \ldots, f_m$ soient des combinaisons linéaires de $f_1, \ldots, f_n$. Déterminons une suite $(x_i)_{i \in \mathbf{N}}$, $x_i \in K$, de la façon suivante.

Soit $(a_i^{(j)})$ $(i = 1, 2, \ldots)$, $a_i^{(j)} \in K$, la suite bornée par laquelle f_j est déterminée. Choisissons $x_i \in K$, $i \geqslant n+1$, tels qu'on a $\lim\limits_{i \to \infty} x_i = 0$ et

$$\sup_{n+1 \leqslant i < \infty} |x_i| \geqslant 1 .$$

Prenons pour $x_1, \ldots, x_n$ la solution des équations

$$a_1^{(1)} x_1 + \cdots + a_n^{(1)} x_n = - \sum_{i=n+1}^{\infty} a_i^{(1)} x_i,$$

$$\ldots\ldots\ldots\ldots\ldots\ldots\ldots\ldots\ldots\ldots\ldots\ldots\ldots\ldots\ldots\ldots$$

$$a_1^{(n)} x_1 + \cdots + a_n^{(n)} x_n = \sum_{i=n+1}^{\infty} a_i^{(n)} x_i .$$

Alors $x = \sum\limits_{1}^{\infty} x_i e_i$ appartient à E_1 et $x \in A$. On a

$$\sum_{i=1}^{\infty} a_i^{(j)} x_i = 0, \quad j = 1, \ldots, m .$$

Donc $x \in U$. Cependant, 0 n'est évidemment pas un point d'accumulation de A dans la topologie forte. Il en résulte qu'il n'existe aucune suite d'éléments de A convergeant faiblement vers 0, bien que 0 est un point d'accumulation faible de A.

Rappelons un théorème classique de l'analyse linéaire *réelle* exprimant que dans l'espace l^1 — c'est à dire l'espace linéaire normé sur $\mathbf{R}$ des suites $(x_i)_{i \in \mathbf{N}}$, telles que $\Sigma |x_i| < \infty$ — la convergence faible et la convergence forte des suites sont équivalentes. Pour les espaces l^p $(p > 1)$ sur $\mathbf{R}$ cette propriété est en défaut. Le théorème 6 est donc une propriété remarquable des espaces de Banach non-archimédiens. En se rappelant les théoremes généraux de l'analyse non-archimédienne — existence de bases, prolongement d'applications linéaires — on peut dire que la structure des espaces de Banach n.a. est plus simple que la structure des espaces de Banach réels.

Remarque. Nous avons déjà mentionné l'espace l^1 sur K (dont la norme $\Sigma |x_i|$ n'est pas n.a.); voir chapitre III, § 1, exemple (vii). Plus général, on peut considérer les espaces l^p $(p \geqslant 1)$ sur K, dont les éléments sont les suites $(x_i)_{i \in \mathbb{N}}$ telles que la série $\sum\limits_{i=1}^{\infty} |x_i|^p$ est convergente. La norme

$$\|x\| = \left(\sum_{i=1}^{\infty} |x_i|^p \right)^{1/p}$$

n'est pas n. a. Quelques propriétés de ces espaces pour le cas $K = \mathbf{Q}_p$ se trouvent dans [61] et [62]. On y a démontré que le dual de l^p est isomorphe à l'espace des suites bornées de K pour chaque $p \geqslant 1$. Pour $p > 1$ la convergence faible et la convergence forte ne sont pas équivalentes. La théorie générale de tels espaces — qui appartiennent à la classe B (chapitre III, 1.1) — est encore ouverte.

§ 3. Propriétés géométriques

Nous traitons dans ce paragraphe quelques questions géométriques dans les espaces vectoriels sur K, en particulier la séparation des ensembles convexes par des hyperplans. Nous donnons ici les résultats d'une façon plus détaillée qu'au paragraphe précédent puisqu'il y a des différences essentielles avec la méthode de l'analyse réelle, bien qu'il existe des résultats analogues.

3.1. Nous commençons avec la *forme géométrique du théorème de Hahn-Banach.*

Soit E un espace linéaire sur le *corps c-compact* K. Soit A un ensemble convexe *absorbant*, donc contenant 0 (en appliquant une translation on peut d'ailleurs aisément formuler le théorème suivant pour des convexes absorbants par rapport à un point $x_0 \in A$).

D'après le théorème 1 du chapitre III, §2, il existe une semi-norme n. a. p telle que

$$\{x \in E \,|\, p(x) < 1\} \subset A \subset \{x \in E \,|\, p(x) \leqslant 1\}.$$

Posons

$$\mathring{A}_p = \{x \in E \,|\, p(x) < 1\}.$$

Il ne faut pas confondre $\mathring{A}_p$ avec l'intérieur topologique de A.

Théorème 1. *Soit V une sous-variété affine dans E telle que l'intersection $\mathring{A}_p \cap V$ soit vide. Alors il existe dans E un hyperplan affine W tel que $V \subset W$ et $\mathring{A}_p \cap W = \emptyset$.*

Démonstration. Soit S le sous-espace linéaire de E, engendré par V. Les éléments de S sont de la forme $x = \lambda x_1$ ($x_1 \in V$, $\lambda \in K$) et cette représentation est unique si $x \neq 0$. Construisons sur S une forme linéaire de la façon suivante. Posons

$$f(x) = 1 \quad \text{pour } x \in V,$$
$$f(0) = 0.$$

Désignons le prolongement linéaire sur S aussi par f. Si $x \neq 0$, on a $\lambda \neq 0$ et donc $f(x) \neq 0$. Puisque $x_1 \in V$ et $\mathring{A}_p \cap V = \emptyset$, on a $p(x_1) \geqslant 1$. On a

$$p(x) = |\lambda| p(x_1),$$

et donc $p(x) \geqslant |\lambda|$. On en tire

$$|f(x)| \leqslant p(x).$$

Appliquons maintenant le théorème de Hahn-Banach, ce qui est permis, K étant c-compact. Il existe sur E une forme linéaire F telle qu'on ait

$$F(x) = f(x) \qquad (x \in S),$$

$$|F(x)| \leqslant p(x).$$

Soit W l'hyperplan affine défini par $F(x) = 1$. Puisque $F(x) = 1$ sur V, on a $V \subset W$. On a $p(x) < 1$ pour $x \in \mathring{A}_p$ donc

$$|F(x)| < 1 \qquad (x \in \mathring{A}_p),$$

d'où il suit que $\mathring{A}_p \cap W = \emptyset$.

Remarques. 1. En analyse réelle on exprime ce théorème pour des ensembles convexes ouverts. La condition que l'ensemble soit ouvert est remplacée ici par le passage de A à $\mathring{A}_p$.

2. Si l'on veut éviter l'introduction de $\mathring{A}_p$, on peut donner à ce théorème la forme suivante:

Soit V une variété affine dans E telle que l'intersection $A \cap V$ soit vide. Alors il existe un hyperplan affine W dans E tel que $V \subset W$ et $\lambda A \cap W$ est vide pour tout $\lambda \in K$, $|\lambda| < 1$.

3.2. Dans le cas réel on connaît les théorèmes concernant la séparation des ensembles convexes par des hyperplans. On y utilise les «demi-espaces», déterminés par un hyperplan; ce sont des ensembles $\{x \in E \mid f(x) \geqslant a, a \in \mathbf{R}\}$ ou $\{x \in E \mid f(x) > a, a \in \mathbf{R}\}$, où f est alors une forme linéaire réelle. Cherchant à généraliser cette théorie pour les espaces vectoriels topologiques sur un corps K valué n.a., il faut remarquer tout d'abord qu'il sera nécessaire de suivre une autre route pour définir ce qu'il faut entendre par une proposition telle que «deux points de E sont situés d'un même côté d'un hyperplan H», puisque K n'est pas ordonné. Il est remarquable qu'on peut tout de même donner une théorie de la séparation dans les espaces sur K. Cette théorie fut introduite par Monna [81]. Une étude systématique se trouve dans [14].

Soit E un espace vectoriel sur K. Soient $x, y \in E$. Rappelons que l'enveloppe convexe $Co(\{x, y\})$ de l'ensemble $\{x, y\}$ se compose des points $z \in E$ de la forme

$$z = \lambda x + (1 - \lambda) y, \qquad |\lambda| \leqslant 1.$$

Soit F une forme linéaire sur E. Désignons par H l'hyperplan défini par l'équation $F(x) = \alpha \ (\alpha \in K)$.

Définition 1. (i) *Deux points x et y ($x \notin H$, $y \notin H$) sont dits séparés par H si*

$$Co(\{x,y\}) \cap H \neq \emptyset .$$

(ii) *On dit que deux points x et y ($x \notin H$, $y \notin H$) sont situés d'un même côté de H si*

$$Co(\{x,y\}) \cap H = \emptyset .$$

(iii) *On note $x \sim y$ si x et y sont situés d'un même côté de H.*

Proposition 1. *Pour que $x \sim y$ il faut et il suffit que*

$$|\alpha - F(y)| > |F(x) - F(y)| .$$

En effet, il faut et il suffit que l'équation

$$\lambda(F(x) - F(y)) = \alpha - F(y)$$

n'a pas de solution pour $|\lambda| \leqslant 1$, ce qui donne immédiatement le résultat.

Proposition 2. *La relation $\sim$ est une relation d'équivalence.*

Vérification directe par une application de la proposition 1.

Définition 2. *Les classes d'équivalence de la relation $\sim$ sont appelées les côtés de H.*

Il suit de la proposition 1 que le côté contenant y est l'ensemble

$$\{x \in E \,|\, |F(x) - F(y)| < |\alpha - F(y)|\} .$$

Remarques. 1. La même méthode peut s'appliquer dans les espaces linéaires sur **R** en remplaçant la condition de résolubilité par $0 \leqslant \lambda \leqslant 1$. On est alors conduit aux demi-espaces usuels $F(x) > \alpha$ et $F(x) < \alpha$.

2. On a défini ainsi la *séparation stricte* des points x et y par H, puisqu'on a supposé $x, y \notin H$. La nécessité de cette restriction est évidente: si l'on permettrait que x ou y appartienne à H, l'intersection de $Co(\{x,y\})$ et H ne serait jamais vide de sorte que chaque $x \in H$ fut séparé par H de tout autre point de E.

Exemple. Soit $K = \mathbf{Q}_p$ et prenons $E = K$. Soit $F(x) = ax \ (x \in K, a \neq 0)$. Prenons $\alpha = 0$. On vérifie que $x \sim y$ si et seulement s'il existe un entier n tel que $|x| = |y| = p^{-n}$ et $x \equiv y \pmod{p^{n+1}}$.

Définition 3. (i) *Soient X et Y des parties de E. X est d'un seul côté de H si X est contenue dans un côté de H.*

(ii) *X et Y sont séparés par H s'il existe deux côtés C_1 et C_2, $C_1 \neq C_2$, tels que $X \subset C_1$, $Y \subset C_2$.*

On vérifie aisément les propriétés suivantes:

1. Le cardinal de l'ensemble des côtés de H ne dépend que de K: c'est le cardinal de l'ensemble des côtés de K par rapport à 0. Puisque nous supposons toujours que la valuation de K ne soit pas triviale, *chaque hyperplan a une infinité de côtés.* C'est une différence essentielle avec la théorie des espaces sur **R**.

2. *Les côtés sont convexes.*

3. *Si X est d'un seul côté de H, $Co(X)$ est dans le même côté.*

4. *Soit S un ensemble convexe; $H \cap S = \emptyset$. Alors S est d'un seul côté de H.*

5. *Les côtés de H sont les convexes maximaux disjoints de H.*
En effet: il résulte de 4 qu'un convexe maximal disjoint de H est un côté. Inversement, si C est un côté de H, $x \in C$, $y \notin C$, $Co(\{x,y\}) \cap H$ est non vide, donc C est un convexe maximal ne rencontrant pas H.

6. *Le côté de H contenant $x_0 \in E$ est le convexe maximal disjoint de H contenant x_0.*

7. En supposant que E est un *espace vectoriel topologique* on a: H étant un hyperplan fermé, *les côtés de H sont à la fois ouverts et fermés.*
Démonstration simple à l'aide de l'inégalité triangulaire forte et la proposition 1.

8. Soit E un espace vectoriel topologique. Soit F une forme linéaire continue sur E. Soit S un ensemble *borné* dans E. *Alors il existe $\alpha \in K$ tel que S soit d'un seul côté de l'hyperplan affine $H = \{x | F(x) = \alpha\}$.*

Démonstration. Puisque $\{x \in E \, | \, |F(x)| < 1\}$ est ouvert et S étant borné, il existe α tel que

$$S \subset \alpha \{x \in E \, | \, |F(x)| < 1\}.$$

Alors $F(x) = \alpha$ définit l'hyperplan cherché.

Théorème 2. *Supposons K c-compact. Soient E un espace vectoriel sur K, C un convexe de E, $a \in E$, $a \notin C$. Alors il existe un hyperplan H affine de E tel que $a \in H$, $H \cap C = \emptyset$. C est donc l'intersection des côtes des hyperplans de E qui contiennent C.*

Théorème 3. *Supposons K c-compact. Soit E un espace vectoriel sur K. Soient C_1 et C_2 des convexes; $C_1 \cap C_2 = \emptyset$. Si le corps résiduel est $\neq \mathbf{Z}/(2)$, il existe un hyperplan affine de E qui sépare C_1 et C_2.*

Théorème 4. *Supposons K c-compact. Soit E un espace vectoriel sur K. Soient C un convexe de E et V une sous-variété affine; $C \cap V = \emptyset$. Alors il existe un hyperplan affine H, contenant V et tel que $H \cap C = \emptyset$.*

Pour la démonstration de ces propositions, dans lesquelles on reconnaît des propositions connues de l'analyse réelle, voir [81], [14].

Carpentier a donné un exemple montrant que ces propriétés sont fausses si *K* n'est pas *c*-compact.

Remarque. Le théorème 4 est une généralisation du théorème 1. En effet, supposons qu'il existe dans *E* une semi-norme n. a. *p.* En prenant pour *C* l'ensemble convexe $\{x \in E \mid p(x) < 1\}$ on obtient le théorème 1. D'ailleurs, ce théorème est équivalent au théorème de Hahn-Banach sur le prolongement de formes linéaires.

3.3. Jusqu'ici il s'agit de théorèmes concernant la séparation de convexes dans un espace vectoriel sur le corps *c*-compact *K* (aux numéros 7 et 8 on a supposé qu'il s'agisse d'espaces vectoriels topologiques). Considérons maintenant les espaces vectoriels topologiques et plus spécialement les *espaces localement convexes*. Il s'agit alors de l'existence d'hyperplans *fermés* séparant deux convexes. Il est à peine besoin de répéter ici ces théorèmes, qui sont des transcriptions des théorèmes précédents (voir [14]). Nous mentionnons seulement les résultats suivants.

Soit *E* un espace localement convexe sur le corps *c*-compact *K.*
Soit A un convexe ayant un point intérieur; alors on a:
(i) $B \subset A \Leftrightarrow f(B) \subset f(A)$ *pour toute forme linéaire continue f sur E.*
(ii) *A est l'intersection des côtes d'hyperplans fermés qui le contiennent.*

3.4. Dans la théorie des espaces vectoriels sur **R** on introduit la notion d'hyperplan d'appui d'un convexe. C'est une notion importante dans la théorie, conduisant enfin au théorème de Krein-Milman. Il s'est montré que la définition d'une notion analogue dans la théorie des espaces non-archimédiens donne lieu à des difficultés, d'une part puisque, comme nous avons déjà remarqué, la méthode précédente ne permet que de définir une notion de séparation stricte. D'autre part, il y a des difficultés en ce qui concerne la frontière des ensembles convexes dans un espace vectoriel localement convexe *E.* En effet, si *p* est une semi-norme n.a. continue dans *E*, l'ensemble $\{x \in E \mid p(x) \leqslant 1\}$ est ouvert et fermé, de sorte que la frontière est vide. Il faudra donc d'autres moyens pour surmonter ces difficultés.

En se rappelant que tout point d'un ensemble convexe peut servir comme «centre» de ce convexe, on donne les définitions suivantes.

Définition 5. (i) *Soit* E *un espace vectoriel topologique sur* K. *Un ensemble centré est un couple* (S, ξ) *où* $S \subset E$ *et* $\xi \in S$. *On appelle parfois* ξ *le centre de* S. *Si aucune confusion n'est à craindre, on désigne le couple simplement par* S.

(ii) (S, ξ) *sera dit étoilé si, quelque soit* $x \in S$,

$$\xi + \lambda(x - \xi) \in S \quad pour\ tout\ |\lambda| \leqslant 1.$$

En effectuant une translation on peut d'ailleurs, au besoin, toujours atteindre que $\xi = 0$. Un ensemble convexe est étoilé par rapport à un point quelconque de ce convexe, pris comme le centre.

A l'aide de la notion d'ensemble centré on peut donner la définition suivante des notions «intérieur» et «frontière», qu'il ne faut pas confondre avec les notions topologiques correspondantes (voir [81], [85]).

Définition 6. (i) *Soit* (S, ξ) *un ensemble étoilé. Soit* $\underline{S}(\xi)$ *l'ensemble des* $x \in (S, \xi)$ *tel qu'il existe* $\varepsilon(x) > 0$ *tel que*

(a) *l'ensemble des* $\lambda \in K$ *tel que* $1 < |\lambda| < 1 + \varepsilon(x)$ *ne soit pas vide.*

(b) $\xi + \lambda(x - \xi) \in S$ *pour tout* $1 < |\lambda| < 1 + \varepsilon(x)$.

$\underline{S}(\xi)$ *est appelé l'intérieur de* (S, ξ) *par rapport à* ξ, *ou parfois simplement l'intérieur de* (S, ξ).

(ii) *Posons*

$$\bar{S}(\xi) = \bigcap_{|\lambda| > 1} (\xi + \lambda(\underline{S} - \xi)).$$

$\bar{S}(\xi)$ *est appelé l'adhérence de* S *par rapport à* ξ; $\bar{S} - \underline{S}$ *est appelé la frontière de* S *par rapport à* ξ.

Exemples. 1. On voit de l'exemple suivant que $\underline{S}(\xi)$ dépend du choix du centre. Soit E un espace normé n. a. Supposons que l'ensemble des normes $\|x\|$ pour $x \in E$ soit discret dans $\mathbf{R}_+^*$. Soit $S = \{x \in E \mid \|x\| \leqslant 1\}$. En prenant 0 comme centre on a

$$\underline{S}(0) = \{x \in E \mid \|x\| < 1\}.$$

Cependant, en prenant pour centre un point ξ tel que $\|\xi\| = 1$, on voit qu'aucun point x tel que $\|x\| < 1$ n'appartient à $\underline{S}(\xi)$.

2. Soit E un espace normé n. a. tel que la norme $\|x\|$ prenne ses valeurs dans le groupe des valeurs de K. Posons

$$B = \{x \in E \mid \|x\| \leqslant 1\},$$
$$B' = \{x \in E \mid \|x\| < 1\}.$$

Prenons 0 comme centre. On a:

a) si la valuation est dense:

$$\underline{B} = B'; \quad \bar{B} = B$$
$$\underline{B}' = B'; \quad \bar{B}' = B.$$

b) si la valuation est discrète et le groupe des valeurs est engendré par $0 < \rho < 1$:

$$\underline{B} = B'; \quad \bar{B} = B$$
$$\underline{B}' = \{x \in E \,|\, \|x\| \leqslant \rho^2\}$$
$$\bar{B}' = B'.$$

On a les propriétés générales suivantes.

(i) $\underline{S}$ n'est pas vide.

(ii) $\underline{S} \subset S \subset \bar{S}$

(iii) Si S est convexe, $\underline{S}$ et $\bar{S}$ sont convexes.

Avec cette notation, le théorème 1 prend la forme suivante:

Soit (S, ξ) un ensemble convexe centré. Soit V une sous-variété affine dans E telle que $\underline{S}(\xi) \cap V = \emptyset$. Alors il existe un hyperplan affine W tel que

$$V \subset W \quad et \quad \underline{S}(\xi) \cap W = \emptyset.$$

Avec cette notion d'intérieur par au centre ξ, Monna [81] a donné la définition suivante d'un hyperplan d'appui.

Soit (S, ξ) un ensemble convexe centré. Par un hyperplan d'appui de (S, ξ) on entend un hyperplan affine H tel que

1°. $(S, \xi) \cap H \neq \emptyset$,

2°. $\underline{S}(\xi)$ *est situé d'un seul coté de H.*

On peut alors démontrer certains théorèmes qui ressemblent aux théorèmes connus en analyse réelle. Nous n'y insistons pas.

Dans [85], on applique ces notions pour démontrer un principe de maximum pour certaines applications en analyse p-adique (comparer [40]).

Carpentier [14] a introduit d'une façon équivalente les notions «m-ouvert» et «m-fermé» qu'il a utilisé pour une étude détaillée de la structure des convexes.

En particulier il a obtenu les résultats suivants sur la structure des convexes compacts dans un espace vectoriel topologique.

(i) *Soit E un espace vectoriel topologique sur le corps valué complet à valuation discrète K. Soit C un convexe borné de E, contenant 0. Alors il existe une famille $(e_i)_{i \in I}$ d'éléments de E, qui est libre et telle que tout $x \in C$ s'écrive: $x = \sum_{i \in I} x_i e_i$, avec $x_i \in O$ et $(x_i)_{i \in I}$ tend vers 0 suivant le filtre de Fréchet de I (O est l'anneau des entiers de K).*

(ii) *Soient K un corps à valuation discrète complet, E un espace vectoriel topologique séparé sur K, et C un convexe compact de E contenant 0. Alors il existe un isomorphisme-homéomorphisme de C sur un produit O^I muni de la structure algébrique et de la topologie produit.*

Ce dernier théorème entraîne: Il existe une famille topologiquement libre d'éléments de E, $(e_i)_{i \in I}$, telle que:

— tout $x \in C$ s'écrit de manière unique $x = \sum_{i \in I} x_i e_i$, $x_i \in O$, où la somme est prise au sens de la topologie de E,

— pour toute famille $(x_i)_{i \in I}$, $x_i \in O$, la somme $x = \sum_{i \in I} x_i e_i$ existe dans E et $x \in C$.

Dans les espaces normés n. a. on a la caractérisation suivante.

(iii) *Soit E un espace normé n.a. sur un corps complet à valuation discrète K; supposons qu'on ait* $\{\|x\| \,|\, x \in E\} = \{|a| \,|\, a \in K\}$. *Soit C un convexe compact absorbant dans E contenant 0. Alors*

— *ou bien:* (a) *E est de dimension finie, et il existe une base $e_1, \ldots, e_n$ de E telle que si $x = \sum_{i=1}^{n} \lambda_i e_i$ avec $\lambda_i \in K$,*

$$\|x\| = \sup_{1 \leq i \leq n} |\lambda_i|,$$

et qu'il existe $\alpha_1, \ldots, \alpha_n \in \mathbf{R}_+^*$ tel que

$$C = \left\{ x \,\middle|\, x \in E, \; x = \sum_{i=1}^{n} \lambda_i e_i, \; |\lambda_i| \leq \alpha_i \right\},$$

— *ou bien:* (b) *E admet un système total dénombrable: il existe dans E une base orthonormale $e_1, e_2, \ldots$ et une suite $(\alpha_n)_{n \in \mathbf{N}}$, $\alpha_n \in \mathbf{R}_+^*$, tendant vers 0, tels que*

$$C = \left\{ x \,\middle|\, x \in E, \; x = \sum_{i=1}^{\infty} \lambda_i e_i, \; |\lambda_i| \leq \alpha_i \right\}.$$

Dans son étude systématique déjà mentionnée Carpentier a démontré des théorèmes concernant la séparation de plusieurs convexes. Un tel problème a un sens en analyse n. a. puisqu'un hyperplan a une infinité de côtés en général.

Mentionnons enfin une étude de Van Tiel [126] où il applique les théorèmes de séparation à la théorie de la dualité.

Chapitre VI

Intégration

Dans ce chapitre il s'agit d'une théorie d'intégration de fonctions, définies sur un espace topologique localement compact X, qui prennent leurs valeurs dans un corps K muni d'une valuation n.a. Cette théorie est développée selon la méthode de Bourbaki. Les mesures et les intégrales prennent leurs valeurs dans K. On peut transposer une grande partie de la théorie «ordinaire» dans le cas non-archimédien. Cependant, il y a des différences remarquables, notamment l'existence d'un ensemble négligeable maximal et le fait que le théorème de Radon-Nikodym ne reste plus valable dans le cas non-archimédien.

1. Soit K un corps valué n.a. complet; comme toujours la valuation ne soit pas triviale. *Soit X un espace séparé localement compact de dimension 0, dénombrable à l'infini* (c'est à dire réunion d'une suite de compacts; Schikhof [109] a démontré qu'on peut se débarasser de cette restriction). Rappelons que $C(X)$ est l'espace normé n.a. des fonctions continues à support compact $f: X \to K$, normé par

$$\|f\| = \sup_{x \in X} |f(x)|.$$

Nous utiliserons des recouvrements particuliers de X.

Définition 1. *Un recouvrement $(U_i)_{i \in I}$ de X est appelé spécial lorsque les U_i sont des ensembles ouverts et compacts de X tels que $U_i \cap U_j = \emptyset$ lorsque $i \neq j$.*

Etant donné un recouvrement ouvert $(V_i)_{i \in I}$ de X on construit aisément un recouvrement spécial plus fin en remarquant qu'il existe une suite $(A_n)_{n \in \mathbb{N}}$ de compacts tels que $A_n \subset A_{n+1}$, $\bigcup_n A_n = X$ et qu'on peut supposer A_n ouvert et compact. X possède donc des recouvrements spéciaux arbitrairement fins.

2. Définition 2. *Une mesure sur X à valeurs dans K est une forme linéaire μ sur $C(X)$ à valeurs dans K qui satisfait à la condition suivante: pour tout compact $A \subset X$ il existe une constante réelle $M_A \geq 0$ telle que*

$$|\mu(f)| \leq M_A \|f\|$$

pour toute $f \in C(X)$ qui soit nulle en dehors de A.

Si μ est une mesure, la valeur $\mu(f) \in K$ s'appelle *l'intégrale de f par rapport à μ*. On emploie aussi les notations $\int f d\mu$ ou $\int f(x) d\mu(x)$.

Evidemment l'ensemble des mesures sur X est un espace vectoriel $M(X)$ sur K.

La mesure μ est dite *bornée* lorsqu'il existe une constante réelle $M \geqslant 0$ telle que

$$|\mu(f)| \leqslant M \|f\| \qquad (f \in C(X)).$$

Les mesures bornées forment un espace de Banach n.a. – le dual $C'(X)$ de $C(X)$ – la norme étant définie de la manière usuelle par

$$\|\mu\| = \sup_{f \neq 0} \|f\|^{-1} |\mu(f)|.$$

Remarques. 1. Puisque

$$C(X) = \bigcup_F C(F),$$

F étant à la fois ouvert et fermé, on peut dire qu'une mesure μ est une forme linéaire continue sur l'espace des fonctions continues à support compact lorsqu'on muni cet espace d'une topologie localement convexe, définie comme limite inductive. Nous n'en avons pas besoin dans ce qui suit.

2. Il est clair que sur un espace X *compact*, toute mesure est bornée.

Soient μ une mesure sur X et A un ouvert compact de X. Alors la fonction caractéristique ϕ_A est continue et à support compact. Nous poserons

$$\mu(A) = \mu(\phi_A),$$

c'est la μ-*mesure de A*.

Le résultat suivant donne une méthode pour définir des mesures.

Proposition 1. *Soit F une base de la topologie de X, formée d'ensembles ouverts compacts. Supposons qu'on ait associé à tout $A \in F$ un élément $\mu(A) \in K$ tel que les conditions suivantes soient satisfaites:*

(i) *Soient $(A_i)_{1 \leqslant i \leqslant k}$ des ensembles disjoints de F dont la réunion est dans F. Alors on a*

$$\mu\left(\bigcup_{i=1}^k A_i\right) = \sum_{i=1}^k \mu(A_i);$$

(ii) *quand A parcourt les ensembles de F qui sont contenus dans un ouvert compact fixe de X, les nombres $|\mu(A)|$ restent bornés.*

Alors il existe une mesure ν et une seule sur X, telle que les $\mu(A)$ soient les ν-mesures des $A \in F$.

Démonstration. Soit $f \in C(X)$, soit S un ouvert compact tel que f soit nulle en dehors de S. Considérons les recouvrements spéciaux de S qui soient finis et composés d'ensembles de F. Comme F est une base de la topologie de X, il existe de tels recouvrements arbitrairement fins. Soit u l'objet formé par un tel recouvrement $\mathcal{U}=(A_i)_{1\leqslant i\leqslant k}$ et un ensemble de points $(a_i)_{1\leqslant i\leqslant k}$, avec $a_i\in A_i$.

Ecrivons

$$u=\{\mathcal{U};a_1,\ldots,a_k\}.$$

Soit $\mathcal{H}$ l'ensemble des u. Soit $v=\{\mathcal{V};b_1,\ldots,b_l\}$. Nous posons $v\leqslant u$ lorsque $\mathcal{V}$ est plus fin que $\mathcal{U}$ et que $\{a_1,\ldots,a_k\}\subset\{b_1,\ldots,b_l\}$.

La relation $\leqslant$ est un ordre sur $\mathcal{H}$, qui est filtrant.

Formons les «sommes de Riemann»

$$S_u(f)=\sum_{i=1}^{k}f(a_i)\mu(A_i),$$

où

$$u=\{(A_i)_{1\leqslant i\leqslant k};a_1,\ldots,a_k\}.$$

Alors on vérifie sans peine que

$$|S_u(f)-S_v(f)|\leqslant\underset{i}{\operatorname{Max}}\underset{x,y\in A_i}{\operatorname{Max}}|f(x)-f(y)|,$$

lorsque $v\leqslant u$.

La continuité uniforme de f sur S et le fait que K est complet entraînent que $\lim S_u(f)$ existe, lorsque u parcourt le filtre des sections de $\mathcal{H}$. Nous posons $v(f)=\lim S_u(f)$. Alors on vérifie que v est une mesure sur X qui possède les propriétés requises. L'unicité de v se démontre en observant qu'on peut approximer toute fonction continue sur S par des fonctions en escalier (constantes sur les ensembles de F). Nous laissons les détails au lecteur.

Exemples de mesures. (a) Soit (x_i) une suite de points de X, soit (α_i) une suite d'éléments de K convergeant vers 0. Alors

$$\mu(f)=\sum_i\alpha_i f(x_i)\qquad(f\in C(X))$$

définit une mesure sur X.

(b) Soit D un ensemble fermé et discret dans X, soit α une fonction sur D à valeurs dans K. Alors

$$\mu(f)=\sum_{d\in D}\alpha(d)f(d)\qquad(f\in C(X))$$

définit une mesure sur X.

La vérification de ce qu'on a une mesure dans les exemples (a) et (b) est facile.

3. Soit μ une mesure sur l'espace X.

Proposition 2. *La fonction réelle N sur $C(X)$, donnée par*

$$N(f) = \sup_{g \neq 0} \|g\|^{-1} |\mu(fg)| \qquad (g \in C(X))$$

est une semi-norme n.a. sur $C(X)$.

La vérification est immédiate.

Proposition 3. *Pour $f, g \in C(X)$ on a*

(a) $$|\mu(f)| \leqslant N(f),$$

(b) $$N(fg) \leqslant N(f) \|g\|.$$

Démonstration. (a) résulte en prenant pour g la fonction caractéristique d'un ouvert compact, qui contient le support de f; (b) est triviale.

Remarques. (1) Dans le cas de l'intégration «classique» la définition de N garde son sens: on a alors

$$N(f) = \mu(|f|).$$

(2) L'inégalité (b) prend la place de l'inégalité de Hölder en analyse classique.

Proposition 4. *Soit $\mathcal{U} = (U_i)_{i \in I}$ un recouvrement spécial de X. Soit ϕ_i la fonction caractéristique de U_i. Posons pour $f \in C(X)$,*

$$N_{\mathcal{U}}(f) = \sup_i \left(\sup_{x \in U_i} |f(x)| N(\phi_i) \right).$$

Alors

$$N(f) = \inf_{\mathcal{U}} N_{\mathcal{U}}(f).$$

Démonstration. Pour tout $\mathcal{U}$, on a

$$f = \sum_i f \phi_i$$

(comme f est à support compact, preque tous les termes de cette somme sont 0). Donc

$$N(f) \leqslant \sup_i N(f \phi_i).$$

D'autre part, l'inégalité (b) de la proposition 3 montre que

$$N(f \phi_i) \leqslant N(f),$$

ce qui implique que

(1) $$N(f) = \sup_i N(f \phi_i).$$

Comme $N(f\phi_i) \leqslant \underset{x \in U_i}{\text{Max}} |f(x)| N(\phi_i)$, il en résulte que

$$N(f) \leqslant \inf_{\mathscr{U}} N_{\mathscr{U}}(f).$$

Soit maintenant S un ouvert compact fixe contenant le support de f. Utilisant la continuité uniforme de f sur S, on voit qu'il existe pour tout $\varepsilon > 0$ un recouvrement spécial fini $\mathscr{U} = (U_i)$ de S et une fonction en escalier $\sum_i \lambda_i \phi_i$ (où ϕ_i est la fonction caractéristique de U_i) tels que

$$\left\| f - \sum_i \lambda_i \phi_i \right\| < \varepsilon.$$

On peut en outre supposer que $U_i \subset S$, donc que ϕ_i est 0 en dehors de S. On peut prolonger ce recouvrement à un recouvrement spécial de X. Alors, ϕ désignant la fonction caractéristique de S, l'inégalité (b) implique que

$$(2) \qquad N(f) \geqslant N\left(\sum_i \lambda_i \phi_i\right) - \varepsilon N(\phi) = \sup_i |\lambda_i| N(\phi_i) - \varepsilon N(\phi),$$

en vertu de (1).
     Or

$$\left| \sup_{x \in U_i} |f(x)| - |\lambda_i| \right| < \varepsilon$$

et comme $\phi_i \phi = \phi_i$, on a

$$N(\phi_i) \leqslant N(\phi).$$

(2) donne donc

$$\sup|\lambda_i| N(\phi_i) \geqslant \sup_i \sup_{x \in U_i} |f(x)| N(\phi_i) - \varepsilon N(\phi),$$

et

$$N(f) \geqslant N_{\mathscr{U}}(f) - 2\varepsilon N(\phi),$$

ce qui implique que

$$N(f) \geqslant \inf_{\mathscr{U}} N_{\mathscr{U}}(f).$$

La proposition suivante est une conséquence facile de la formule (1).

Proposition 5. *Soient U et V des ouverts compacts de X avec $V \subset U$. Alors*

$$N(\phi_V) \leqslant N(\phi_U).$$

Soit maintenant $x \in X$, et définissons

$$N(x) = \inf N(\phi_U),$$

où U parcourt les voisinages ouverts compacts de x.

Proposition 6. *Soit* $f \in C(X)$. *Alors on a*

(3)
$$N(f) = \sup_{x \in X} |f(x)| N(x).$$

Démonstration. Soit $\mathcal{U} = (U_i)_{i \in I}$ un recouvrement spécial de X, soit $x \in U_i$. Alors on a (avec les notations de la proposition 4)

$$|f(x)| N(x) \leqslant \sup_{x \in U_i} |f(x)| N(\phi_i) \leqslant N_{\mathcal{U}}(f),$$

ce qui implique que

$$\sup_{x \in X} |f(x)| N(x) \leqslant N(f).$$

Pour terminer la démonstration il faut démontrer l'inégalité opposée. Soit S un ouvert compact tel que f soit nulle sur le complémentaire de S. Soit $0 < \varepsilon < 1$.

Prenons un recouvrement spécial $\mathcal{U} = (U_i)_{i \in I}$ de X tel que
(a) $(U_i)_{1 \leqslant i \leqslant n}$ soit un recouvrement spécial de S,
(b) $|f(x) - f(y)| < \varepsilon$ pour $x, y \in U_i$, $1 \leqslant i \leqslant n$,
(c) il existe $x_i \in U_i$ avec $N(\phi_i) \leqslant N(x_i) + \varepsilon$, $(1 \leqslant i \leqslant n)$.

Il est aisé de voir (utilisant la continuité uniforme de f) qu'un tel $\mathcal{U}$ existe. Soit M tel que $|f(x)| \leqslant M$. La proposition 5 implique que $N(x) \leqslant N(S)$ pour tout $x \in S$.

Alors on a

$$N_{\mathcal{U}}(f) = \sup_{1 \leqslant i \leqslant n} \left(\sup_{x \in U_i} |f(x)| N(\phi_i) \right) \leqslant$$

$$\leqslant \sup_{1 \leqslant i \leqslant n} (|f(x_i)| + \varepsilon)(N(x_i) + \varepsilon) \leqslant$$

$$\leqslant \sup_{x \in X} |f(x)| N(x) + \varepsilon(M + N(S) + 1).$$

Donc

$$N(f) \leqslant N_{\mathcal{U}}(f) \leqslant \sup_{x \in X} |f(x)| N(x).$$

Maintenant on peut étendre la définition de N à *toutes* les fonctions sur X, à valeurs dans K. Pour cela il suffit de constater que (3) a un sens pour une fonction f quelconque. Il est facile de vérifier que N est une semi-norme sur l'espace vectoriel de toutes les fonctions. Bien entendu, N peut prendre la valeur ∞.

Observons aussi qu'on a

$$N(x) = N(\phi_{\{x\}}).$$

4. Les résultats des numéros précédents ont des conséquences remarquables. Posons pour tout $\alpha > 0$

$$X_\alpha = \{x \in X \mid N(x) \geqslant \alpha\}.$$

En se rappelant la définition de $N(x)$, on voit que X_α est un ensemble *fermé* dans X; c'est donc un sous-espace localement compact de X. Posons

$$X_+ = \bigcup_{\alpha > 0} X_\alpha, \ X_0 = \{x \in X \mid N(x) = 0\},$$

alors

$$X = X_+ \cup X_0.$$

Définition 3. *Une fonction f sur X à valeurs dans K sera appelée négligeable pour la mesure μ lorsque $N(f) = 0$. Un ensemble $A \subset X$ est négligeable pour la mesure μ lorsque sa fonction caractéristique ϕ_A est négligeable.*

Proposition 7. *Pour que la fonction f soit négligeable, il faut et il suffit que $N(x) = 0$ pour tout $x \in X$ avec $f(x) \neq 0$.*

Cela résulte de la définition de $N(f)$.

Comme conséquence de la proposition 7 mentionnons:

(a) pour qu'un ensemble A soit négligeable, il faut et il suffit que tous ses points soient des ensembles négligeables;

(b) il existe un ensemble négligeable maximal, à savoir l'ensemble X_0.

Cela montre que la situation est plus simple que dans le cas de l'intégration classique.

Le résultat suivant implique une définition directe des ensembles négligeables.

Proposition 8. *Pour qu'un ensemble $A \subset X$ soit négligeable, il faut et il suffit que pour tout $\varepsilon > 0$ il existe un recouvrement spécial $\mathscr{U} = (U_i)$ tel que $|\mu(\phi_V)| < \varepsilon$ pour tout ensemble ouvert compact V, contenu dans un quelconque des U_i et qui contient un élément de A.*

Démonstration. Supposons A négligeable. Alors pour tout $\varepsilon > 0$ il existe un recouvrement spécial $\mathscr{U} = (U_i)$ de X tel que $N(\phi_{U_i}) < \varepsilon$ lorsque U_i contient un point de A. Soit V ouvert compact, contenu dans un U_i et contenant un point de A. Alors, les propositions 3 et 5 entraînent

$$|\mu(\phi_V)| \leqslant N(\phi_V) \leqslant N(\phi_{U_i}) < \varepsilon.$$

Inversement, supposons la condition de l'énoncé satisfaite. Alors, lorsque $U_i \cap A \neq \emptyset$, on voit, en utilisant la définition de N, que $N(x) < \varepsilon$ pour $x \in U_i \cap A$. La définition de N montre alors qu'on a $N(\phi_A) < \varepsilon$. ε étant arbitraire > 0, A est négligeable.

Le résultat suivant est une conséquence facile de la définition de N.

Proposition 9. *Soient f et g des fonctions sur X; supposons g négligeable. Alors $N(f + g) = N(f)$.*

L'expression «presque partout» sera utilisée dans le sens usuel. f étant une fonction définie presque partout, la proposition 9 entraîne que $N(f)$ est défini.

Appelons *équivalentes* deux fonctions sur X dont la différence est négligeable. Alors on peut définir N sur l'ensemble des classes d'équivalence.

Comme la situation est familière dans le cas classique, nous n'y insisterons pas.

5. Continuant le no. 4 on appelle $F(\mu)$ (ou simplement F) l'espace des classes de fonctions sur X sur lesquelles N est finie. C'est un espace vectoriel normé n.a. sur K, avec norme N. On vérifie sans peine (utilisant le fait que K est complet) que F est un espace de Banach n.a.

Définition 4. *Soit* $L^1(\mu)$ *(ou* L^1*) l'adhérence dans* $F(\mu)$ *du sous-espace formé des classes des fonctions de* $C(X)$*. Une fonction sur* X *à valeurs dans* K *est dite intégrable, lorsque sa classe est dans* L^1*.*

Il résulte de la proposition 3 (a) qu'on peut prolonger la fonction linéaire μ sur $C(X)$ à une fonction linéaire *continue* sur L^1, que nous désignerons aussi par μ. Nous appelons $\mu(f)$ l'*intégrale* de de la fonction intégrable f.

Un ensemble $A \subset X$ est dit *intégrable* lorsque sa fonction caractéristique ϕ_A l'est; nous définissons la *mesure* $\mu(A)$ de A par $\mu(A) = \mu(\phi_A)$.

Le problème est de caractériser les fonctions intégrables sur X. Notons d'abord que toute classe de fonctions définit une fonction sur le sous-espace X_+ défini au no. 4: cela résulte de ce que les ensembles négligeables sont contenus dans CX_+.

Proposition 10. *Soit* f *une fonction intégrable sur* X*. Alors la restriction de* f *à tout* $X_\alpha(\alpha > 0)$ *est continue.*

Démonstration. Il existe une suite (f_n) avec $f_n \in C(X)$ dont les classes convergent vers la classe de f dans L^1. Cela veut dire que $\lim N(f - f_n) = 0$. Utilisant la formule (3) du no. 3 on voit que la suite (f_n) converge *uniformément* vers f sur tout $X_\alpha(\alpha > 0)$. $X_\alpha(\alpha > 0)$ étant fermé dans X, la restriction de f à tout X_α $(\alpha > 0)$ est donc continue.

Pour aller plus loin nous avons besoin de la définition suivante.

Définition 5. *Une fonction* f *sur* X *à valeurs dans* K *est dite absolument continue par rapport à* N *lorsqu'elle satisfait aux deux conditions suivantes:*

(a) *Pour tout* $\varepsilon > 0$ *il existe* $\delta > 0$ *tel que pour tout ouvert compact* U *avec* $N(\phi_U) < \delta$ *on ait* $N(f\phi_U) < \varepsilon$*;*

(b) $\lim N(f\phi_V) = 0$*,* V *parcourant le filtre des sections de l'ensemble des complémentaires des ensembles compacts de* X*.*

Il convient d'observer qu'ici la condition d'être absolument continue impose à une fonction f des limitations quant à la croissance de $f(x)$ lorsque x tend vers X_0 ou vers «l'infini».

Proposition 11. *Soit f une fonction intégrable sur X. Alors f est absolument continue par rapport à N.*

Démonstration. Prenons d'abord $f \in C(X)$. Alors f est absolument continue par rapport à N: (a) résulte de la proposition 3 et (b) est évident, f ayant support compact.

Soit maintenant f une fonction intégrable quelconque.

Soit $\varepsilon > 0$, prenons $g \in C(X)$ telle que $N(f-g) < \varepsilon$.

Soit $\delta > 0$ tel que $N(g \phi_U) < \varepsilon$ lorsque U est un ouvert compact avec $N(\phi_U) < \delta$.

Alors
$$N(f \phi_U) \leqslant \mathrm{Max}(N((f-g)\phi_U), N(g \phi_U)) < \varepsilon,$$

ce qui montre que f vérifie la condition (a) de la définition 5. (b) se démontre de façon similaire.

Maintenant on peut caractériser les fonctions intégrables.

Proposition 12. *Pour qu'une fonction f soit intégrable il faut et il suffit qu'elle satisfasse aux conditions suivantes:*
(a) *la restriction de f à tout X_α ($\alpha > 0$) est continue,*
(b) *f est absolument continue par rapport à N.*

Il résulte des propositions 10 et 11 que les conditions sont nécessaires.

Supposons maintenant que f vérifie ces conditions. Soit $\varepsilon > 0$. Nous allons établir qu'il existe $g \in C(X)$ telle que $N(f-g) < \varepsilon$. Ceci impliquera évidemment que $f \in L^1$.

f étant absolument continue par rapport à N, il existe un ouvert compact S de X tel que $N(f \phi_{CS}) < \varepsilon$. Il suffit de déterminer $g \in C(X)$ telle que $N(f \phi_S - g) < \varepsilon$.

Or, la mesure μ sur X induit une mesure $\overline{\mu}$ sur l'ouvert compact S de la façon suivante: pour toute fonction continue f sur S, on a $\overline{\mu}(f) = \mu(\overline{f})$, où $\overline{f} \in C(X)$ est égale à f sur S et est nulle en dehors de S. Il suffit maintenant de considérer le problème correspondant pour S et $\overline{\mu}$. Autrement dit, nous pouvons supposer dès le commencement que X est *compact*.

Soit alors
$$\lambda = \sup_{x \in X} N(x), \qquad m = \sup_{x \in X} |f(x)|.$$

X étant compact, λ et m sont finis.

Prenons δ tel que $N(f \phi_U) < \delta$ pour tout ouvert compact U de X satisfaisant à $N(\phi_U) < \delta$. Choisissons un sous-espace X_α (défini au no. 4) avec $\alpha < \min(\delta, m^{-1}\varepsilon)$. X_α est fermé, donc compact. Par hypothèse, f est continue sur X_α. Alors f est uniformément continue sur X_α. Par conséquent il existe une famille spéciale finie d'ouverts compacts $(U_i)_{1 \leqslant i \leqslant n}$ de X telle que

(i) $|f(x) - f(y)| < \lambda^{-1}\varepsilon$ lorsque $x, y \in X_\alpha \cap U_i$,

(ii) $X_\alpha \subset \bigcup_{i=1}^{n} U_i$, $X_\alpha \cap U_i \neq \emptyset$.

Soit ϕ_i la fonction caractéristique de U_i; prenons $x_i \in X_\alpha \cap U_i$.

Alors la fonction $g = \sum_{i=1}^{n} f(x_i)\phi_i$ est continue sur X et on a $|g(x)| \leqslant m$ pour tout $x \in X$.

Or $|f(x) - g(x)| < \lambda^{-1}\varepsilon$ lorsque $x \in X_\alpha$, donc $|f(x) - g(x)|N(x) < \varepsilon$ lorsque $x \in X_\alpha$.

Mais lorsque $x \in \bigcup_{i=1}^{n} U_i$, $x \notin X_\alpha$ on a

$$|f(x) - g(x)| \leqslant m, N(x) < \alpha < m^{-1}\varepsilon,$$

donc

$$|f(x) - g(x)|N(x) < \varepsilon, x \in \bigcup_i U_i.$$

D'autre part, le complémentaire U de $\bigcup_i U_i$ est ouvert compact et $N(\phi_U) < \alpha < \delta$, ce qui implique $N(f\phi_U) < \varepsilon$, ce qui équivaut à

$$|f(x) - g(x)|N(x) < \varepsilon \text{ lorsque } x \notin \bigcup_i U_i.$$

Donc

$$N(f - g) = \sup_{x \in X}|f(x) - g(x)|N(x) < \varepsilon.$$

Comme nous avons observé au commencement de la démonstration ceci entraîne l'intégrabilité de f.

Mentionnons un cas particulier:

Proposition 13. *Pour qu'un sous-ensemble $A \subset X$ soit intégrable, il faut et il suffit qu'il satisfasse aux conditions suivantes:*
(a) *$A \cap X_\alpha$ est ouvert et fermé dans X_α, pour tout $\alpha > 0$,*
(b) *pour tout $\varepsilon > 0$ il existe un compact S tel que*

$$N(\phi_{A \cap CS}) < \varepsilon.$$

La démonstration est laissée au lecteur.

Rappelons la définition de $N(f)$ pour $f \in C(X)$ dans la proposition 2. Ensuite nous avons étendu la définition de $N(f)$ aux fonctions quelconques sur X à valeurs dans K au moyen de la formule (3) au no. 3.

Cependant, pour les fonctions intégrables la formule pour $N(f)$ reste vraie. On a

Proposition 14. *Pour tout* $f \in L^1$ *on a*

$$N(f) = \sup_{g \neq 0} \|g\|^{-1} |\mu(fg)| \quad (g \in C(X)).$$

Démonstration. Il existe une suite (f_n) avec $f_n \in C(X)$ dont les classes convergent vers la classe de f dans L^1. On a

$$N(f) = \lim N(f_n).$$

Il s'ensuit

$$N(f_n) \geqslant \|g\|^{-1} |\mu(f_n g)|$$

pour tout n et tout $g \in C(X)$. Puisque

$$\mu(f_n g) \to \mu(fg)$$

on en tire

$$N(f) \geqslant \sup_{g \neq 0} \|g\|^{-1} |\mu(fg)|.$$

Pour montrer l'inégalité opposée, soit $\alpha > 0$ tel que

$$|\mu(fg)| \leqslant \alpha \|g\|$$

pour tout $g \in C(X)$. Etant donné $\varepsilon > 0$ il existe une fonction $f_\varepsilon \in C(X)$ telle que

$$N(f - f_\varepsilon) < \varepsilon.$$

On a

$$|\mu(f_\varepsilon g)| \leqslant \mathrm{Max}(|\mu(fg)|, |\mu(f - f_\varepsilon) g)|).$$

Il s'ensuit

$$|\mu(f_\varepsilon g)| \leqslant \mathrm{Max}(\alpha, \varepsilon) \cdot \|g\|.$$

Donc

$$N(f_\varepsilon) \leqslant \mathrm{Max}(\alpha, \varepsilon).$$

Par l'inégalité triangulaire on obtient

$$N(f) \leqslant \mathrm{Max}(N(f_\varepsilon), N(f - f_\varepsilon)) \leqslant \mathrm{Max}(\alpha, \varepsilon)$$

et, ε étant arbitraire

$$N(f) \leqslant \alpha.$$

Il s'ensuit

$$N(f) \leqslant \sup_{g \neq 0} \|g\|^{-1} |\mu(fg)|.$$

Mentionnons les conséquences suivantes:
  (a) *pour tout* $f \in L^1$, $g \in C(x)$ *on a*

$$N(fg) \leqslant N(f) \cdot \|g\|.$$

C'est une généralisation de l'inégalité de Hölder (voir la proposition 3 (b)).

(b) *Soit f une fonction intégrable telle que* $\mu(fg) = 0$ *pour tout* $g \in C(X)$. *Alors f est nulle presque partout.*

Considérons les exemples de mesures du no. 2 (nous renvoyons à ce no. pour les notations).

(a) On a

$$\begin{cases} N(x) = 0 & \text{pour} \quad x \neq x_i \\ N(x) = |\alpha_i| & \text{pour} \quad x = x_i, \end{cases}$$

donc

$$N(f) = \sup_i |f(x_i)| \, |\alpha_i| \, .$$

Une fonction est négligeable lorsqu'elle s'annule dans tous les x_i. Les fonctions intégrables sur X sont toutes les fonctions sur X telles que $\sum_i f(x_i)\alpha_i$ converge, et alors

$$\mu(f) = \sum_i f(x_i)\alpha_i \, .$$

(b) Les résultats sont analogues: on a

$$N(f) = \sup_{d \in D} |\alpha(d)| \, |f(d)|$$

et une fonction sur X est intégrable lorsque $\sum_{d \in D} f(d)\alpha(d)$ converge.

6. Nous définissons les fonctions mesurables d'une façon analogue à celle de Bourbaki [10].

Définition 6. *Une fonction f sur X est μ-mesurable lorsque pour tout compact $S \subset X$ et tout nombre $\varepsilon > 0$ il existe un compact $S_1 \subset S$ tel que $N(S \cap CS_1) < \varepsilon$ et que la restriction de f à S_1 soit continue.*

Dans notre cas on a la caractérisation suivante des fonctions mesurables:

Proposition 15. *Pour qu'une fonction f sur X soit mesurable, il faut et il suffit que la restriction de f à tout X_α $(\alpha > 0)$ soit continue.*

Démonstration. Supposons f mesurable. Soit $x \in X_\varepsilon$ $(\varepsilon > 0)$ et soit S un ouvert compact de X contenant x. Soit alors S_1 un compact possédant la propriété de la définition 6. Comme $N(S \cap CS_1) < \varepsilon$, on a $S \cap X_\varepsilon \subset S_1$. Or $S \cap X_\varepsilon$ est fermé dans S_1 et, S étant ouvert, contient un voisinage de x dans X_ε. La continuité de f sur S_1 entraîne donc la continuité de la restriction de f à X_ε au point x. Cela démontre la continuité de f sur tout X_ε $(\varepsilon > 0)$.

Réciproquement, supposons que f satisfait à la condition de la proposition 15 et démontrons que f est mesurable. Soit S un compact de X et soit $\varepsilon > 0$. Alors l'ensemble $S_1 = X_\varepsilon \cap S$ possède les propriétés requises.

Comme cas particulier on a le résultat suivant:

Pour qu'un sous-ensemble A de X soit mesurable, il faut et il suffit que $A \cap X_\alpha$ soit ouvert et fermé dans X_α pour tout $\alpha > 0$.

Il résulte facilement de la proposition 15 que les fonctions mesurables sur X forment un anneau.

D'autre part, contrairement au cas classique, la limite d'une suite convergente de fonctions mesurables n'est plus nécessairement mesurable. Cela tient à ce que dans notre cas la convergence en tout point (ou presque partout) n'est pas le «bon» type de convergence. Mais en utilisant la convergence «selon Egoroff», définie plus bas, on peut restaurer l'analogie au cas classique. Le théorème d'Egoroff, qui dit que la convergence presque partout et la convergence selon Egoroff sont équivalentes dans le cas classique, n'est plus valable dans le cas non-archimédien.

Définition 7. *La suite (f_n) de fonctions mesurables sur X converge selon Egoroff lorsque pour tout compact S et tout $\varepsilon > 0$ il existe un sous-espace compact S_1 de S tel que $N(S \cap C S_1) < \varepsilon$ et que la suite (f_n) converge uniformément sur S_1.*

On a la caractérisation suivante:

Proposition 16. *Pour que la suite (f_n) converge selon Egoroff il faut et il suffit qu'elle converge uniformément sur tout sous-ensemble compact de X_α pour tout X_α $(\alpha > 0)$.*

La démonstration est analogue à celle de la proposition 15.

Maintenant on voit qu'une suite (f_n) de fonctions mesurables qui converge selon Egoroff, converge presque partout et que la limite est presque partout égale à une fonction mesurable.

On peut aussi énoncer le théorème de convergence de Lebesgue, sous une forme qui vaut aussi dans le cas classique.

Proposition 17. *Soit (f_n) une suite de fonctions intégrables sur X qui converge selon Egoroff. Supposons qu'il existe une fonction intégrable g telle que $|f_n(x)| \leqslant |g(x)|$ pour tout $x \in X$. Alors la limite de la suite est définie presque partout et est égale presque partout à une fonction intégrable f telle que $\mu(f) = \lim \mu(f_n)$.*

La première partie de l'énoncé résulte de ce qui précède, la dernière partie est une conséquence de $\lim N(f - f_n) = 0$, ce qu'on vérifie sans peine.

7. Considérons les *produits de mesures*.

Soient X et Y des espaces localements compacts, de dimension 0 et dénombrables à l'infini. Soient μ et v des mesures sur X et Y. Désignons pour $f \in C(X)$, $g \in C(Y)$ par $f \otimes g$ la fonction sur l'espace produit $X \times Y$, définie par

$$(f \otimes g)(x,y) = f(x)g(y).$$

Proposition 18. *Il existe sur $X \times Y$ une mesure $\mu \otimes v$ et une seule telle que pour $f \in C(X)$, $g \in C(Y)$ on ait*

$$(\mu \otimes v)(f \otimes g) = \mu(f)v(g).$$

La démonstration du résultat classique correspondant (voir [10] chapitre III) se transpose sans peine.

Introduisons maintenant les semi-normes, N_μ, N_v, $N_{\mu \otimes v}$, correspondantes aux mesures μ, v et $\mu \otimes v$.

Lorsque f est une fonction sur $X \times Y$, à valeurs dans K, nous désignons par f_y la fonction $x \to f(x,y)$ sur X.

Proposition 19. (a) *Soit $x \in X$, $y \in Y$. Alors*

$$N_{\mu \otimes v}((x,y)) = N_\mu(x)N_v(y);$$

(b) *Soit f une fonction arbitraire sur $X \times Y$, à valeurs dans K. Alors*

$$N_{\mu \otimes v}(f) \geqslant \sup_{y \in Y}(N_\mu(f_y)N_v(y)).$$

Démonstration. Par definition on a

$$N_{\mu \otimes v}((x,y)) = \inf N_{\mu \otimes v}(\phi_W),$$

W parcourant les voisinages ouverts compacts de (x,y) dans $X \times Y$.

Il suffit de faire parcourir W les voisinages de la forme $W = U \times V$, U et V étant des voisinages ouverts compacts de x et y dans X resp. Y.

Or, d'après la proposition 18

$$N_{\mu \otimes v}(\phi_{U \times V}) = N_{\mu \otimes v}(\phi_U \otimes \phi_V) = N_\mu(\phi_U)N_v(\phi_V).$$

Ceci implique (a).

Quant à (b), d'après la définition de N et (a) on a

$$\begin{aligned}
N_{\mu \otimes v}(f) &= \sup_{x,y} |f(x,y)|N_\mu(x)N_v(y) \\
&\geqslant \sup_{y}\Big(\sup_{x} |f(x,y)|N_\mu(x)\Big)N_v(y) \\
&= \sup_{y}(N_\mu(f_y)N_v(y)).
\end{aligned}$$

Démontrons maintenant le théorème de Lebesgue-Fubini.

Proposition 20. *Soit f une fonction $\mu \otimes v$-intégrable sur $X \times Y$, à valeurs dans K. Alors f_y est μ-intégrable pour presque tout $y \in Y$, la fonction $y \to \mu(f_y)$ est v-intégrable et on a*

$$(\mu \otimes v)(f) = v(\mu(f_y)).$$

Démonstration. f étant intégrable, il existe une suite $({}_n f)$ de fonctions de $C(X \times Y)$ telle que $\lim\limits_{n \to \infty} N_{\mu \otimes v}(f - {}_n f) = 0$. Fixons $y \in Y$ avec $N_v(y) \neq 0$.— Alors, d'après la proposition 19 (b) on a

$$\lim\limits_{m, n \to \infty} N_\mu({}_m f_y - {}_n f_y) = 0,$$

ce qui implique qu'il existe une fonction intégrable g_y sur X telle que

$$\lim\limits_{n \to \infty} N_\mu(g_y - {}_n f_y) = 0.$$

D'autre part, la proposition 12 et la définition de $N_{\mu \otimes v}$ montrent que la suite ${}_n f(x, y)$ converge presque partout sur X d'une part vers $f(x, y)$, d'autre part vers $g_y(x)$, (y étant toujours fixé). Ceci établit le premier point. f_y étant maintenant μ-intégrable, nous avons

$$|\mu(f_y)| \leqslant N_\mu(f_y),$$

et la proposition 19 implique

$$N_{\mu \otimes v}(f) \geqslant N_v(\mu(f_y)).$$

Maintenant on vérifie sans peine que $\mu(f_y)$ est v-intégrable. Pour démontrer la formule, prenons d'abord f dans $C(X \times Y)$. Alors l'égalité voulue est vraie: c'est une conséquence de la proposition 18 et du théorème de Stone-Weierstrasz.

Par conséquent les mesures $f \to (\mu \otimes v)(f)$ et $f \to v(\mu(f_y))$ sont identiques, ce qui implique l'égalité pour toute fonction $\mu \otimes v$-intégrable.

8. Au no. 2 nous avons donné quelques exemples de mesures. Un autre exemple est fourni par la mesure de Haar à valeurs dans K. Il y a cependant des différences remarquables avec la mesure de Haar réelle.

Soit G un groupe topologique localement compact, de dimension 0 et dénombrable à l'infini.

Soit $f \in C(G)$, $y \in G$. Définissons $fy \in C(G)$ par

$$(fy)(x) = f(yx) \qquad (x \in G).$$

Soit $\mu \in M(G)$ (l'espace vectoriel des mesures sur G; voir no. 2). Pour tout $y \in G$ nous définissons la mesure $y\mu \in M(G)$ par

$$(y\mu)(f) = \mu(fy).$$

Définition 8. *Une mesure* $\mu \neq 0$ *est appelée une mesure de Haar à valeurs dans K invariante à gauche lorsque* $y\mu = \mu$ *pour tout* $y \in G$.

Il s'agit alors de donner un critère pour l'existence d'une telle mesure de Haar.

Rappelons d'abord qu'un groupe topologique G localement compact de dimension 0 possède des sous-groupes ouverts compacts arbitrairement petits (voir [93]) et qu'un sous-groupe ouvert d'un groupe compact possède un indice fini.

Définition 9. *Soit p un nombre premier. Nous dirons que G est p-fini lorsqu'il existe un sous-groupe* H_0 *ouvert compact fixe de G tel que, en désignant par* $|n|_p$ *la valeur p-adique de* $n \in \mathbf{N}$, *il existe une constante* $C > 0$ *telle que*

$$|[H_0 : H]|_p \geqslant C$$

pour tout sous-groupe ouvert compact H de H_0.

On vérifie facilement que cette condition est alors vérifiée pour tout sous-groupe ouvert compact de G. On voit que cette définition implique que pour tout sous-groupe ouvert compact H de H_0 l'indice $[H_0 : H]$ n'est divisible que par une puissance bornée de p.

Remarque. Schikhof [109] introduit les notions *p*-fini supérieurement et *p*-fini inférieurement, dont la première est équivalente à la notion «*p*-fini» de la définition 9.

On a la proposition suivante.

Proposition 21. *Soit p la caractéristique du corps résiduel de K.*

(a) *Pour* $p = 0$ *il existe sur G une mesure de Haar à valeurs dans K;*

(b) *pour* $p > 0$ *il existe sur G une mesure de Haar à valeurs dans K si et seulement si G est p-fini.*

Démonstration. Supposons qu'il existe une mesure de Haar μ sur G à valeurs dans K. Soient H et H_0 comme ci-dessus. Alors on a

$$\mu(H_0) = [H_0 : H]\mu(H).$$

Lorsque $p > 0$ et que G n'est pas p-fini, ceci n'est possible que si $\mu(H_0) = 0$. Par conséquent $\mu(yH_0) = 0$ pour tout sous-groupe ouvert compact H_0 de G, et tout $y \in G$. Comme les yH_0 ($y \in G$, H_0 sous-groupe ouvert compact) forment une base de la topologie de G, la proposition 1 implique la contradiction $\mu = 0$.

Supposons maintenant $p > 0$ et soit G p-fini. Prenons un sous-groupe ouvert compact H_0 de G tel que pour tout sous-groupe ouvert compact H de H_0 l'indice $[H_0:H]$ soit premier à p (c'est évidemment possible).

Posons pour un tel H et $y \in G$

$$\mu(yH) = [H_0:H]^{-1}.$$

En faisant varier $H \subset H_0$ et $y \in G$ on obtient une base de la topologie de X, qui vérifie les conditions de la proposition 1. En vertu de cette proposition, il existe une mesure μ sur G telle que $\mu(yH)$ soit la μ-mesure de yH. Comme la famille F (voir la proposition 1) est maintenant invariante par multiplication à gauche par les éléments de G et comme $\mu(yA) = \mu(A)$ ($A \in F$, $y \in G$), l'unicité de la mesure μ de la proposition 1 implique que dans notre cas μ est une mesure de Haar à valeurs dans K.

Lorsque $p = 0$ la démonstration est analogue.

La démonstration prouve en même temps l'unicité, à un facteur près, de la mesure de Haar.

Mentionnons la conséquence suivante de la proposition 21.

Soit L un corps local à corps résiduel fini de caractéristique q. Soit G le groupe compact des entiers de L. K étant comme ci-dessus, la proposition 21 montre qu'il existe une mesure de Haar à valeurs dans K sur G si et seulement si $q \neq p$.

Pour la mesure de Haar on peut préciser l'espace L^1, défini au no. 5.

Soit G un groupe topologique (localement compact, de dimension 0, dénombrable à l'infini), possédant une mesure de Haar μ à valeurs dans K. Alors l'invariance de μ sous les translations à gauche implique que $N(y)$ ($y \in G$) est constant. Il en résulte que

$$N(f) = \alpha \sup_{y \in G} |f(y)|.$$

Cela implique $G_+ = G$ et que L^1 est l'espace des fonctions continues f, telles que $\lim N(f\phi_V) = 0$, V parcourant le filtre des sections de l'ensemble des complémentaires des sous-ensembles compacts. Lorsque G est compact on voit que $L^1 = C(G)$, donc toute fonction intégrable est continue.

Application. Le théorème de Radon-Nikodym n'est pas valable dans l'intégration non-archimédienne. Ce fait remarquable est lié à la propriété qu'aucun espace normé n.a. de dimension infinie sur un corps c-compact ne peut être réflexif. Supposons X compact. Considérons le cas $X_+ = X$; la remarque précédente en fournit un exemple. On a donc $L^1 = C(X)$. Soit donnée une mesure fixe μ sur X. Supposons que pour toute mesure v sur X il existe $g \in C(X)$ telle que

$$v(f) = \mu(fg)$$

pour tout $f \in C(X)$.

Cette relation définit une application $v \to g$ du dual $C'(X)$ de $C(X)$ sur $C(X)$. On voit que c'est un isomorphisme. C'est une application isométrique puisqu'on voit sans peine qu'on a

$$N(g) = \|v\|.$$

Or, c'est impossible si K est c-compact et $C(X)$ de dimension infinie puisque $C(X)$ ne peut être réflexif[3].

Pour une autre démonstration de ce fait voir [80].

9. Dans ce qui précède nous avons défini l'intégrale et les fonctions intégrables selon la méthode de Bourbaki (voir [66] et [80]).

Tomás [128] a suivi une autre méthode pour définir une intégrale en analyse non-archimédienne; il prend comme point de départ la méthode classique en utilisant certaines sommes de Riemann et de Lebesgue. Il obtient certains résultats analogues pour les fonctions intégrables. Voir aussi [13].

Dans la théorie précédente on considère des fonctions $X \to K$, où X est un espace séparé localement compact de dimension 0, dénombrable à l'infini. Van Rooy et Schikhof [108] ont montré qu'on peut se débarasser de l'hypothèse que X soit localement compact. Ils donnent une définition généralisée de l'intégrale qui diffère de notre définition.

X étant un ensemble, ces auteurs introduisent un certain espace linéaire topologique $\mathscr{F}$ de fonctions $X \to K$ (appelé un espace de Wolfheze).

Etant donné $(f_\lambda)_{\lambda \in \Lambda}$, $f_\lambda \in \mathscr{F}$, ils désignent par la notation $f_\lambda \downarrow 0$ que $\lim f_\lambda(x) = 0$ pour tout $x \in X$ et que, en posant $|f|(x) = |f(x)|$, $|f_\lambda| \leqslant |f_\mu|$ si $\lambda \geqslant \mu$.

Une *intégrale* sur $\mathscr{F}$ est alors une fonction linéaire $I : \mathscr{F} \to K$ telle que la condition suivante soit vérifiée: *soit donné* $(f_\lambda)_{\lambda \in \Lambda}$, $f_\lambda \in \mathscr{F}$, $f_\lambda \downarrow 0$. *Soit* $g_\lambda \in \mathscr{F}$, $|g_\lambda| \leqslant |f_\lambda|$ *pour tout* $\lambda \in \Lambda$. *Alors* $\lim I(g_\lambda) = 0$.

On démontre que l'intégrale dont nous avons donnée la théorie ci-dessus, est un cas particulier de cette définition générale.

Schikhof [110] a étudié la «dérivation en mesure» de la mesure de Haar μ sur l'espace K^n, prenant des valeurs dans un corps L, au cas où K est un corps local. Nous mentionnons quelques-uns de ses résultats. Soit U un ouvert dans K^n. Désignons par $\mu(U)$ la μ-mesure de U. L'auteur étudie l'existence de la limite

$$\lim \mu(U)^{-1} \int_U f(x) \, d\mu(x)$$

---

[3] Ajouté pendant la correction.

Récemment M. Schikhof a obtenu des résultats intéressants concernant la validité du théorème de Radon-Nikodym en analyse non-archimédienne, utilisant la notion de la «dérivation en mesure» (voir ci-dessous); voir [110] et [111].

lorsque U tend vers $a \in K^n$. Il démontre que cette limite existe et est égale à $f(a)$ lorsque U tend vers a d'une façon convenable (comparer [66]).

Quant à la substitution dans les intégrales, Schikhof donne le résultat suivant.

Soient U et V des ouverts compacts respectivement dans K^n et K^s. Soit σ un homéomorphisme $U \to V$. Alors les propriétés suivantes sont équivalentes:

(i) *σ est dérivable en mesure sur U.*

(ii) *Il existe une application continue $\phi : U \to L$ telle que*

$$\int_V f(x)\,dx = \int_U (f \circ \sigma)(t)\phi(t)\,dt$$

pour toute fonction continue $f : V \to L$. L'application ϕ est uniquement déterminée et est égale à D_σ, la dérivée de σ.

Pour les détails voir [110].

Schikhof [109] a aussi fait une étude importante concernant l'analyse harmonique sur les corps valués n.a. Nous mentionnons les résultats suivants.

Soit G un groupe localement compact de dimension 0. Supposons que G possède une mesure de Haar à valeurs dans K. Alors $L^1(G)$ est l'espace de Banach n.a. des fonctions continues sur G à valeurs dans K qui sont nulle à l'infini. On définit dans $L^1(G)$ une convolution de la façon usuelle rendant de $L^1(G)$ une algèbre de Banach n.a.

La relation entre caractères et idéaux maximaux de $L^1(G)$ est plus compliquée que dans le cas classique puisqu'il peut exister des idéaux maximaux avec codimension > 1 et puisqu'il y a des difficultés avec les racines-unités dans K.

Pour des groupes abéliens G on peut définir la transformation de Fourier $T : L^1(G) \to C_\infty(\hat{G})$ où

$$\hat{G} = \operatorname{Hom}(G, \{\lambda \in K \mid |\lambda| = 1\})$$

et $C_\infty(\hat{G})$ est l'algèbre des fonctions continues sur $\hat{G}$ à valeurs dans K, nulle à l'infini.

L'auteur a recherché pour quels groupes G on a $G \cong \hat{G}$ et sous quelles conditions T est un isomorphisme. Nous donnons le résultat principal.

Supposons que G vérifie les conditions suivantes:

(i) chaque élément de G appartient à un sous-groupe compact;

(ii) K contient des racines-unité en nombre suffisamment grand par rapport à G.

Alors:

(1) $G \cong \hat{G}$;

(2) chaque idéal maximal régulier de $L^1(G)$ a codimension 1;

(3) la transformation de Fourier $T : L(G) \to C_\infty(\hat{G})$ est une isométrie bijective.

Dans le cadre de la théorie de l'intégration il faut mentionner un article de Van Rooy [107], où il étudie le problème de l'existence de moyennes invariantes à valeurs dans K sur un semi-groupe abélien. Comme on peut s'attendre, il lui faut imposer des conditions semblables à celles que nous avons posées dans le problème de l'existence d'une mesure de Haar. En particulier l'auteur donne quelques résultats sur les limites de Banach en analyse non-archimédienne.

Dans cette étude Van Rooy a aussi considéré les fonctions presque-périodiques en analyse n. a. Comparer Rangan [102], [103], [104].

Chapitre VII

Sujets variés

Dans ce chapitre nous donnerons un résumé de sujets variés dans le domaine de l'analyse non-archimédienne. La recherche sur ces domaines est en développement. Il s'agit d'applications de la théorie générale; nous indiquons aussi des problèmes ouverts.

1. La théorie des opérations linéaires dans les espaces de Banach n.a. et dans les espaces localement convexes sur K fut traitée par quelques auteurs.

On a étudié l'espace $\mathscr{L}(E,F)$ des applications linéaires continues de E dans F, où E et F sont des espaces vectoriels topologiques sur K. Monna [79] a démontré que le théorème de Banach-Steinhaus pour les espaces localement convexes, tel qu'on le trouve, dans une forme très générale, chez Bourbaki [9], reste vrai pour les espaces non-archimédiens par l'introduction des espaces tonnelés (chapitre III, 3.6.). Pour les espaces normés n.a. on a le théorème suivant.

Soient E et F des espaces normés n.a.; soit $\mathscr{L}(E,F)$ l'espace normé n.a. des applications linéaires continues de E dans F. Supposons E complet. Alors $H \subset \mathscr{L}(E,F)$ est borné en norme si et seulement si l'ensemble $H(x) = \{f(x) \mid f \in H\}$ est borné dans F pour tout $x \in E$.

Ce théorème est en défaut si E n'est pas complet; pour un contre-exemple voir [79].

Dans le cas où K est un corps local, Monna [64] a démontré que la théorie de Riesz sur les opérations linéaires peut se transposer dans les espaces de Banach n.a.; l'auteur y a utilisé la version non-archimédienne du lemme classique de Riesz (voir [3]), qui prend même une forme plus simple (comparer [5]).

Pour une application aux équations intégrales voir [68].

Serre [116] a traité les applications linéaires complètement continues d'espaces de Banach n.a. dans un cas plus général. Il démontre que la théorie de Fredholm s'applique aux endomorphismes complètement continus d'espaces de Banach libres (i.e. sommes directes de droites; comparer les familles orthogonales). Il introduit le déterminant de Fredholm.

Gruson [37] a traité le cas des espaces localement convexes. Il peut aussi lever la restriction aux espaces libres.

Van Tiel [125] a aussi étudié les applications complètements continues pour les espaces localement convexes. Il généralise deux théorèmes de Schwartz [114] et il démontre qu'on peut suivre la méthode classique si K est un corps local.

Il faut encore mentionner les travaux de Van der Put [95] et Ellis [26], [27].

Dans [94] Van der Put donne une théorie sur la décomposition spectrale des éléments d'une algèbre de Banach n. a.

Serre [116] et Gruson [37] utilisent les produits tensoriels topologiques d'espaces de Banach n. a. Une généralisation pour les espaces localement convexes n. a. se trouve dans un article de Van der Put et Van Tiel [97]. Ils démontrent que tout espace localement convexe n. a. est nucléaire pourvu que le corps K soit sphériquement complet.

2. Dans son travail déjà mentionné (chapitre II, 2.4.) Schikhof [110] a étudié les applications d'un espace de Banach n. a. B dans un espace de Banach n. a. B' en ce qui concerne l'inversibilité locale. Pour obtenir des résultats il définit la dérivation selon la méthode usuelle en analyse réelle. Mentionnons les résultats suivants.

Soit a un point intérieur de $U \subset B$. Soit f une fonction $U \to B'$. On définit la dérivée de f au point a comme une application linéaire l_a de B dans B' de la même façon que dans les espaces de Banach réels. Alors Schikhof a démontré la propriété suivante.

Supposons que f possède une dérivée l_a au point a et supposons que f soit continue dans un voisinage de a. Supposons que l_a soit un isomorphisme. Alors f est un homéomorphisme de $a + S$ sur $f(a) + l_a(S)$ pour toutes les boules suffisamment petites S de centre 0.

Pour le cas où K est un corps local, Schikhof étudie dans ce travail les difféomorphismes dans l'espace K^n. Il obtient le résultat suivant concernant la classification des ensembles à la fois ouverts et compacts. Soit q le nombre des éléments du corps résiduel de K. Appelons deux sous-ensembles ouverts et compacts U et V de K^n du même type s'il existe un difféomorphisme de U sur V. Alors le nombre des classes disjointes des ensembles ouverts et compacts est égale à $q - 1$.

Pour plus de détails nous renvoyons le lecteur à l'article cité; comparer aussi Serre [118].

3. La recherche d'espaces dont les éléments sont des suites $(x_i)_{i \in \mathbb{N}}$, $x_i \in K$, fut l'objet de quelques articles de Dorleyn ([19], [20]) et Monna [72], cela en analogie avec les espaces vectoriels topologiques sur $\mathbb{R}$ ou $\mathbb{C}$, étudiés par Köthe [55] et appelés par cet auteur «Folgenräume» ou «vollkommene Räume». La généralisation de Dieudonné [18] pour certaines classes d'espaces fonctionnels – appelés «espaces de Köthe»

par cet auteur – remplaçant la forme bilinéaire $\sum_1^\infty x_i y_i$ par une intégrale
$\int f g \, d\mu$, n'est pas encore abordée pour des espaces de fonctions, prenant
leurs valeurs dans un corps n.a. Une telle généralisation semble possible
en vertu de la définition de l'intégrale d'une telle fonction (chapitre VI).

4. Nous mentionnons les applications suivantes de la théorie générale et quelques résultats supplémentaires concernant les fonctions non-
archimédiennes.

4.1. La théorie de l'intégrale, développée dans le chapitre VI, et la
théorie des bases orthogonales ont été appliqués par Monna dans une
étude sur le problème des moments [86]. Dans la forme classique c'est
un problème concernant le prolongement de formes linéaires. Plus
général, on peut le formuler comme un problème sur le prolongement
d'applications linéaires. Il est remarquable qu'en analyse non-archimédienne on peut donner des conditions nécessaires et suffisantes pour la
résolution du problème général: c'est le théorème 7 (chapitre V, § 1) qui
est une conséquence de la forme générale du théorème d'Ingleton.

Une application de ce théorème général donne les résultats suivants.

Soit X un espace topologique séparé localement compact de dimension 0. Supposons que K soit c-compact. Soit $C(X)$ l'espace de Banach
n.a. des fonctions continues à support compact $X \to K$. Alors on a

*Soient données des suites $(f_i)_{i \in \mathbf{N}}, f_i \in C(X)$, et $(C_i)_{i \in \mathbf{N}}, C_i \in K$. Pour qu'il
existe une intégrale μ bornée vérifiant*

$$\|\mu\| \leqslant M,$$

$$\int_X f_i \, d\mu = C_i, \quad i = 1, 2, \ldots,$$

il faut et il suffit qu'on ait

$$\left| \sum_{i=1}^n a_i C_i \right| \leqslant M \sup_{x \in X} \left| \sum_{i=1}^n a_i f_i(x) \right|$$

pour toutes les suites finies (f_i) et tout $a_i \in K$.

Supposons alors que K soit localement compact, ce qui entraîne que
K est c-compact. Prenons $X = \{x \in K \,|\, |x| \leqslant 1\}$. X est compact. Comme
cas particulier de ce théorème on obtient alors la solution suivante du
problème des moments de Hausdorff dans le cas non-archimédien.

Le problème

$$\int_X x^n \, d\mu = C_n, \quad n = 0, 1, 2, \ldots$$

a une solution μ telle que $\|\mu\| \leqslant M$ si et seulement si

$$\left| \sum_{i=0}^{n} a_i C_i \right| \leqslant M \sup_{|x| \leqslant 1} |P(x)|$$

pour tous les polynomes P :

$$P(x) = \sum_{i=0}^{n} a_i x^i.$$

La solution, s'il existe, est uniquement déterminée. C'est évidemment nécessaire que $|C_i| \leqslant M$ pour tout i. *Ainsi, le problème*

$$\int_X x^n \, d\mu = \frac{1}{n+1}, \qquad n = 0, 1, 2, \dots$$

n'a pas de solution.

Par une application de la base orthogonale du chapitre IV, no. 8, on peut donner à ces conditions une forme plus agréable. Soit $K = \mathbf{Q}_p$; soit X comme ci-dessus. Ecrivons symboliquement $C_n = C^n$. Alors on trouve la condition nécessaire et suffisante

$$|C_0| = |C| \leqslant M,$$
$$|C(C-1)\dots(C-n+1)| \leqslant |n!|\, M, \qquad n = 1, 2, \dots.$$

On voit de cela qu'il suffit que $|C_n| \leqslant M_n$, où M_n a l'ordre de grandeur de $|n!|\, M$.

Remarquons enfin qu'il serait intéressant d'avoir d'autres applications du théorème général sur le prolongement d'applications linéaires, d'autant plus puisque ce théorème n'a pas d'analogue en analyse réelle (tout au moins pas dans cette forme simple; voir [89]).

4.2. Le théorème de Banach-Steinhaus fut appliqué par Monna [79] pour démontrer un théorème concernant la transformation de suites d'éléments de K au moyen de certaines matrices (théorème de Kojima-Schur). Il donne le résultat suivant.

Soit E un espace de Banach n.a.; supposons que $N_E \subset N_K$. Désignons par $S_c(E)$ l'espace de Banach n.a. des suites convergentes (x_n), $x_n \in E$, normé par $\sup \|x_n\|$.

Soient donnés les éléments $a_{ik} \in K$; $i, k = 1, 2, \dots$. Posons pour $n = 1, 2, \dots$.

$$y_n = \sum_{k=1}^{\infty} a_{nk} x_k.$$

Désignons cette transformation par A. Supposons que cette transformation s'applique à tout $(x_k)\in S_c(E)$. On a $y_n\in E$. Alors on a le théorème suivant.

Pour que $(y_n)\in S_c(E)$ pour tout $(x_k)\in S_c(E)$ il faut et il suffit que
(i) il existe $M\geqslant 0$ tel que

$$\sup_{\substack{1\leqslant n<\infty \\ 1\leqslant k<\infty}} |a_{nk}|\leqslant M\,;$$

(ii) $\lim_{n\to\infty} a_{nk}=\alpha_k$ existe pour $k=1,2,\dots\,;$

(iii) $\lim_{n\to\infty} \sum_{k=1}^{\infty} a_{nk}=\alpha$ existe.

Si $\lim_{n\to\infty} x_n = x$ on a

$$\lim_{n\to\infty} y_n = \alpha x + \sum_{k=1}^{\infty} \alpha_k(x_k-x)\,.$$

Dans cet article se trouvent quelques indications pour d'autres recherches dans ce domaine (théorèmes Taubériens). Comparer Zeller [130]. Pour des exemples et quelques autres résultats dans ce domaine voir [101].

4.3. La théorie des bases orthogonales pour l'espace $C(X)$ fut appliquée par Van der Put à la théorie des équations différentielles [94].

4.4. Ellis a obtenu des résultats concernant le prolongement de fonctions continues, prenant leurs valeurs dans un corps K valué n.a., analogue au théorème de Tietze-Urysohn ([25], [28]).

4.5. Monna [82] a étudié l'existence de points fixes de certaines applications dans les espaces de Banach n.a. et dans les espaces localement convexes. En particulier il considère les contractions et les applications affines; il obtient quelques résultats à l'aide de la notion «intérieur d'un ensemble», telle que nous l'avons introduit dans le chapitre V, §3. On y trouve des exemples montrant que la théorie dans les espaces sur **R** ne peut pas se transposer sans restrictions aux espaces n.a. Cependant, les problèmes sur ce sujet dans les espaces n.a. sont en grande partie ouverts.

Signalons les problèmes suivants.

(i) Est-ce-que le théorème de Markoff-Kakutani [8] reste vrai dans les espaces n.a.?

(ii) On connaît le théorème suivant de Schauder, généralisation du théorème classique de Brouwer.

*Soit S un ensemble convexe compact dans un espace localement convexe sur **R** et soit F une application continue de S dans lui-meme. Alors F a un point fixe dans S.*

On demande des théorèmes analogues dans les espaces non-archimédiens.

4.6. Dans le domaine de la théorie des fonctions mentionnons les articles (déjà cités) de Rangan [102] et Van Rooy [107] sur les fonctions presque périodiques, prenant leurs valeurs dans un corps K valué n.a.

4.7. La méthode, développée au chapitre V, §3, pour définir les côtés d'un hyperplan fut appliquée par Monna [88] pour définir une notion de pseudo-ordre sur un corps valué n.a. K. En appliquant cette méthode à K, considéré comme espace vectoriel sur lui-même, on obtient les côtés de 0. Il existe alors une infinité de côtés de 0, qu'il faut comparer avec les ensembles $\mathbf{R}_+$ et $\mathbf{R}_-$ dans $\mathbf{R}$. L'ensemble des côtés de 0 est un groupe infini abélien G. La structure du groupe G est une généralisation des règles pour la multiplication des nombres réels positifs et négatifs, exprimé par le tableau

$$
\begin{array}{c|cc}
 & + & - \\
\hline
+ & + & - \\
- & - & + \\
\end{array}
$$

Au moyen de G on peut définir un pseudo-ordre sur K en posant $a >_S b$, $S \in G$, si $a - b \in S$. L'auteur donne les règles de calcul pour ce pseudo-ordre. La transitivité de l'ordre usuel est ici remplacée par une certaine relation en connexion avec la convexité des côtés de 0.

Une axiomatisation d'un pseudo-ordre pour une classe de corps topologiques est donnée. C'est une généralisation de la notion de corps valué. Il y des indications pour définir les espaces vectoriels pseudo-ordonnés et une application à la théorie des fonctions à valeurs dans un corps pseudo-ordonné. Une théorie de ces espaces n'est pas encore développée; on peut songer à une généralisation des espaces de Riesz.

5. Signalons quelques domaines de recherche.

(i) On ignore s'il est possible de définir dans les espaces non-archimédiens une notion qui est analogue à la notion de point extrémal d'un convexe dans un espace localement convexe sur $\mathbf{R}$. Quelques indications se trouvent dans [81]. Ce qu'on désirerait serait d'avoir un théorème analogue au théorème de Krein-Milman, ou même au théorème de Choquet sur les barycentres.

Il est clair que la grande difficulté dans un tel programme (peut-être l'impossibilité) vient de ce que la frontière des convexes est en général vide.

(ii) Dans la théorie des espaces normés sur $\mathbf{R}$ on introduit plusieurs précisions de la convexité: convexité stricte, convexité uniforme etc. On pourrait s'attendre qu'il devrait être possible de définir des notions analogues dans les espaces normés n. a., puisque dans ces espaces il y a plus de structure que dans les espaces linéaires sur un corps valué n. a., auxquels s'applique la définition d'ensemble convexe donnée dans la chapitre III. Il n'y a aucun résultat dans ce domaine et il est clair que les difficultés se trouvent dans le même plan que dans (i).

(iii) Dans le chapitre V, §2, nous avons indiqué les travaux sur les principes de la théorie de la dualité dans les espaces n. a. Une étude plus détaillée, copiée de la théorie dans les espaces sur **R**, serait désirable[4].

(iv) Etude des espaces non localement convexes sur un corps valué n. a. Comparer III, 3.5, exemple (iv).

(v) Dans [87] on trouve quelques indications concernant les sujets suivants.

(a) Développement de la théorie de l'approximation — en particulier la notion de la meilleure approximation — en analyse non-archimédienne en connexion avec les propriétés géométriques au chapitre V, § 3. Récemment Ikeda and Haifawi [140] ont obtenu quelques résultants dans ce domaine.

(b) Le problème de l'existence de bases (bases de Schauder) est en grande partie résolu pour les espaces de Banach n. a. (chapitre IV). En analyse réelle il y a une litérature étendue sur les bases dans les espaces localement convexes (par exemple sur les bases généralisées et les systèmes biorthogonaux). Il serait intéressant de développer une telle théorie dans le cas non-archimédien. Voir [141].

(c) En analyse réelle on connaît plusieurs définitions de la notion d'ensemble convexe. Dans ce qui précède nous avons donné une seule définition pour le cas non-archimédien. Il sera donc intéressant de rechercher s'il y a aussi d'autres possibilités pour définir la convexité en analyse n. a. On peut se demander si l'on peut surmonter ainsi les difficultés provenant de la frontière en faisant usage d'une autre définition. Dans l'article cité on trouve quelques suggestions.

(d) Etude approfondie de la notion d'espace sphériquement complet. Remarquons qu'on peut définir une notion analogue en tout espace métrique et on peut en rechercher les propriétés.

Nous renvoyons le lecteur à ce travail pour des propriétés et des exemples.

---

[4] Ajouté pendant la correction.
    Récemment M. van der Put a étudié la dualité dans un article à paraître ([146]), tout spécialement dans le cas où le corps K n'est pas sphériquement complet. Il pose la conjecture suivante:
    Le dual de chaque espace de Banach E sur un corps K, non-sphériquement complet, est réflexif, pourvu que les cardinaux de E et K soient non-mesurables.
    Cette conjecture est vérifiée dans un nombre d'exemples.

(vi) Bien qu'il ne s'agit pas de l'analyse linéaire non-archimédienne, l'objet principal de ce livre, signalons un article de Monna [142]. L'auteur y étudie les espaces métriques et plus spécialement les espaces (non-nécessairement linéaires) munis d'une métrique non-archimédienne (Chapitre III, 1.3). On y a posé plusieurs problèmes, par exemple le problème de la distribution des triangles n. a. (ce sont par définition des triangles dont les côtés vérifient l'inégalité triangulaire forte au lieu des inégalités ordinaires) dans un espace métrique; voir aussi [71]. Mentionnons par exemple le résultat suivant:

Dans chaque espace métrique de dimension topologique $\geqslant 2$ il existe une infinité de triangles n. a.

Comparez deux articles récents de Reichel ([148], [149]).

(vii) On a discuté une possibilité éventuelle d'une application des espaces normés n. a. et de l'analyse n. a. en physique. Everett et Ulam [139] ont étudiés le groupe de Lorentz dans un espace K^{n+1}, où K est un corps muni d'une valuation n. a.

Une discussion générale de ces problèmes se trouve dans deux articles de Van der Blij et Monna ([134], [143]). On y a discuté l'espace et le temps et les quantités physiques (énergie en connexion avec la théorie de l'intégration).

La recherche sur ce domaine serait un problème pour les mathématiciens en collaboration avec les physiciens.

Bibliographie

1. Amice, Y.: Interpolation p-adique, Bull. Soc. Math. France **92**, 117—180 (1964).
2. Bachman, G.: Introduction to p-adic numbers and valuation theory, New York–London 1964.
3. Banach, S.: Théorie des opérations linéaires, Warszawa 1932.
4. Beckenstein, E.: On regular non-archimedean Banach algebras, Arch. Math. (Basel) **19**, 423—427 (1968).
5. — Narici, L.: Riesz's lemma in non-archimedean spaces. à paraître.
6. Borel, E.: Sur une application d'un théorème de M. Hadamard, Bull. Sc. Math. 2e série, t. **18**, 22—25 (1894).
7. Bosch, S.: Orthonormalbasen in der nichtarchimedischen Funktionentheorie, Manuscripta math. **1**, 35—57 (1969).
8. Bourbaki, N.: Espaces vectoriels topologiques, Chap. I, II, Paris 1966.
9. — Espaces vectoriels topologiques, Chap. III, IV, V, Paris 1964.
10. — Intégration, Hermann Paris 1965.
11. — Algèbre, Chap. IV, Paris 1959.
12. Bruhat, F.: Lectures on some aspects of p-adic analysis, Tata Institute of fundamental research, Bombay 1963.
13. — Intégration p-adique, Sém. Bourbaki 1961—62, No. **229**.
14. Carpentier, J.-P.: Semi-normes et ensembles convexes dans un espace vectoriel sur un corps valué ultramétrique. Sém. Choquet. 1964—1965.
15. Clark, D. N.: A note on the p-adic convergence of solutions of linear differential equations, Proc. Amer. Math. Soc. **17**, 262—269 (1966).
16. Cohen, I. S.: On non-archimedean normed spaces, Proc. Kon. Ned. Akad. v. Wetensch. **51**, 693—698 (1948).
17. Dieudonné, J.: Sur les fonctions continues p-adiques, Bull. Sc. Math. **68**, 79—95 (1944).
18. — Sur les espaces de Köthe, J. Analyse Math. **1**, 81—115 (1951).
19. Dorleyn, M.: Beschouwingen over coördinatenruimten, oneindige matrices en determinanten in een niet-archimedisch gewaardeerd lichaam, Thèse Vrije Universiteit Amsterdam 1951.
20. — Convergent sequences in sequence spaces, Proc. Kon. Ned. Akad. v. Wetensch. **60**, 254—260 (1957).
20a. Duma, A.: Über die diskret bewerteten Modulen in der nichtarchimedischen Analysis, Rev. Roumaine Math. Pures Appl. **XIV**, 353—357 (1969).
21. Dwork, B.: On the rationality of the zeta function of an algebraic variety, Amer. J. Math. **82**, 631—648 (1960).
22. — On the zeta function of a hypersurface. Publ. math. I. H. E. S., no. **12**, 1962.
23. — On the rationality of zeta functions and L-series, Proc. of a conference on local fields, Driebergen (The Netherlands), 40—55 (1966).
24. Ellis, R. L.: Topological vector spaces over non-archimedean fields, Dissertation Duke University U.S.A. 1966.
25. — A non-archimedean analogue of the Tietze-Urysohn extension theorem, Proc. Kon. Ned. Akad. v. Wetensch. A **70**, 332—333 (1967).
26. — The Fredholm alternative for non-archimedean fields, J. London Math. Soc. **42**, 701—705 (1967).

27. — The state of a bounded linear operator on a non-archimedean normed space, J. Reine Angew. Math. **229**, 155—162 (1968).

28. — Extending continuous functions on zero-dimensional spaces, Report University of Maryland U.S.A. 1969.

29. Fleischer, I.: Sur les espaces normés non-archimédiens, Proc. Kon. Ned. Akad. v. Wetensch. A **57**, 165—168 (1952).

30. Gerritzen, L.: Erweiterungsendliche Ringe in der nichtarchimedischen Funktionentheorie, Invent. Math. **2**, 178—190 (1967).

31. — On one-dimensional affinoid domains and open immersions, Invent. Math. **5**, 106—119 (1968).

32. — Güntzer, U.: Über Restklassennormen auf affinoiden Algebren, Invent. Math. **3**, 71—74 (1967).

33. Grauert, H., Affinoide Überdeckungen eindimensionaler affinoider Räume, Publ. math. I. H. E. S. **34** (1968).

34. — Remmert, R.: Nichtarchimedische Funktionentheorie, Arbeitsgemeinschaft für Forschung des Landes Nordrhein-Westf., Wiss. Abh. Bd. **33**, Opladen 1966.

35. — — Über die Methode der diskret bewerteten Ringe in der nicht-archimedischen Analysis, Invent. Math. **2**, 87—133 (1966).

36. Groot, J. de: Bemerkungen über die analytische Fortsetzung in bewerteten Körper, Proc. Kon. Ned. Akad. v. Wetensch. **45**, 347—349 (1942).

37. Gruson. L.: Théorie de Fredholm p-adique. Bull. Soc. Math. France **94**. 67—95 (1966).

38. — Catégories d'espaces de Banach ultramétriques, Bull. Soc. Math. France **94**, 287—299 (1966).

39. Guennebaud, B.: Algèbres localements convexes sur les corps valués, Bull. Sc. Math. 2e série, **91**, 75—96 (1967).

40. Güntzer, U.: Zur Funktionentheorie einer Veränderlichen über einem vollständigen nichtarchimedischen Grundkörper, Arch. Math. (Basel) **17**, 415—431 (1966).

41. — Modellringe in der nichtarchimedischen Funktionentheorie, Proc. Kon. Ned. Akad. v. Wetensch. A **70**, 334—342 (1967).

42. — Strikt konvergente Laurent-Reihen über nicht-archimedisch normierten vollständigen Ringen, Compositio Math. **21**, 21—34 (1969).

43. Hasse, H.: Zahlentheorie, Berlin 1963.

44. Hurewicz, W., Wallman, H.: Dimension theory, Princeton 1948.

45. Ingleton, A. W.: The Hahn-Banach theorem for non-archimedean valued fields, Proc. Cambridge Philos. Soc. **48**, 41—45 (1952).

46. Iseki, Kiyoshi: A class of quasi-normed spaces, Proc. Japan Acad. **36**, 22—23 (1960).

47. Jacobson, N.: Lectures in abstract algebra III, London 1964.

48. Kalisch, G. K.: On p-adic Hilbert spaces, Ann. of Math. **48**, 180—192 (1947).

49. Kaplansky, I.: The Weierstrass theorem in fields with valuations, Proc. Amer. Math. Soc. **1**, 356—357 (1950).

50. Kiehl, R.: Der Endlichkeitssatz für eigentliche Abbildungen in der nichtarchimedischen Funktionentheorie, Invent. Math. **2**, 191—214 (1967).

51. — Theorem A und Theorem B in der nichtarchimedischen Funktionentheorie, Invent. Math. **2**, 256—273 (1967).

52. — Die analytische Normalität affinoider Ringe, Arch. Math. (Basel) **18**, 479—484 (1967).

53. — Ausgezeichnete Ringe in der nichtarchimedischen analytischen Geometrie, J. Reine Angew. Math. **234**, 89—98 (1969).

54. Konda, Tomoko: On quasi-normed spaces over fields with non-archimedean valuation, Proc. Japan Acad. **36**, 543—546 (1960).

55. Köthe, G.: Topologische lineare Räume I, Springer-Verlag 1960.

56. Lazard, M.: Les zéros d'une fonction analytique d'une variable sur un corps valué complet, Publ. math. I. H. E. S. **14** (1962).

57. Loonstra, F.: Folgen und Reihen in bewerteten Körper, Proc. Ned. Akad. v. Wetensch. **44**, 286—297, 397—408, 577—589 (1941).
58. — Die Lösung von Differentialgleichungen in eincm bewerteten Körper, Proc. Ned. Akad. v. Wetensch. **44**, 409—419 (1941).
59. Mahler, K.: An interpolation series for continuous functions of a p-adic variable, J. Reine Angew. Math. **199**, 23—34 (1958).
60. Monna, A. F.: Zur Theorie des Maszes im Körper der p-adischen Zahlen, Proc. Ned. Akad. v. Wetensch. **45**, 978—980 (1942).
61. — Over een lineaire p-adische ruimte, Proc. Ned. Akad. v. Wetensch. **52**, 74—82 (1943).
62. — Over zwakke en sterke convergentie in een p-adische Banach-ruimte, Proc. Ned. Acad. v. Wetensch. **52**, 207—211 (1943).
63. — Over niet-archimedische lineaire ruimten, Proc. Ned. Akad. v. Wetensch. **52**, 308—321 (1943).
64. — Lineaire functionalvergelijkingen in niet-archimedische Banach-ruimten, Proc. Ned. Akad. v. Wetensch. **52**, 654—661 (1943).
65. — Over geordende groepen en lineaire ruimten, Proc. Ned. Akad. v. Wetensch. **53**, 178—182 (1844).
66. — Over de integraal van een functie, waarvan de waarden elementcn zijn van een niet-archimedisch gewaardeerd lichaam, Proc. Ned. Akad. v. Wetensch. **53**, 385—399 (1944).
67. — Sur les espaces linéaires normés, I, II, III, IV, Proc. Kon Ned. Akad. v. Wetensch. **49**, 1045—1055, 1056—1062, 1134—1141, 1142—1152, (1946).
68. — On integral equations for functions with values in a non-archimedean valued field, Nieuw Arch. Wisk. **22**, 283—292 (1948).
69. — Sur les espaces linéaires normés, V, Proc. Kon. Ned. Akad. v. Wetensch. **51**, 197—210 (1948).
70. — Sur les espaces linéaires normés VI, Proc. Kon. Ned. Akad. v. Wetensch. **52**, 151—160 (1949).
71. — Remarques sur les métriques non-archimédiennes I, II, Proc. Kon. Ned. Akad. v. Wetensch. **53**, 470—481, 625—637 (1950).
72. — Espaces linéaires à une infinité dénombrable de coordonnées, Proc. Kon. Ned. Akad. v. Wetensch. **53**, 1548—1559 (1950).
73. — Sur une transformation simple des nombres p-adiques en nombres réels, Proc. Kon. Ned. Akad. v. Wetensch. A **55**, 1—9 (1952).
74. — Sur une classe d'espaces linéaires normés, Proc. Kon. Ned. Akad. v. Wetensch. A **55**, 513—525 (1952).
75. — Sur les espaces normés non-archimédiens, I, Proc. Kon. Ned. Akad. v. Wetensch. **59**, 475—483 (1956); II Ibid, 484—489; III, **60**, 459—467 (1957); IV Ibid 468—476.
76. — Ensembles convexes dans les espaces vectoriels sur un corps valué, Proc. Kon. Ned. Akad. v. Wetensch. A **61**, 528—539 (1958).
77. — Espaces localement convexes sur un corps valué, Proc. Kon. Ned. Akad. v. Wetensch. A **62**, 391—405 (1959).
78. — Espaces vectoriels topologiques sur un corps valué, Proc. Kon. Ned. Akad. v. Wetensch. A **65**, 351—367 (1962).
79. — Sur le théorème de Banach-Steinhaus, Proc. Kon. Ned. Akad. v. Wetensch. A **66**, 121—131 (1963).
80. — Springer, T. A.: Intégration non-archimédienne I, II, Proc. Kon. Ned. Akad. v. Wetensch. A **66**, 634—642, 643—653 (1963).
81. — Séparation d'ensembles convexes dans un espace linéaire topologique sur un corps valué, Proc. Kon. Ned. Akad. v. Wetensch. A **67**, 399—408, 409—421 (1964).
82. — Note sur les points fixes, Proc. Kon. Ned. Akad. v. Wetensch. A **67**, 588—593 (1964).

83. — Springer, T. A.: Sur la structure des espaces de Banach non-archimédiens, Proc. Kon. Ned. Akad. v. Wetensch. A 68, 602—614 (1965).
84. — Linear topological spaces over non-archimedean valued fields, Proc. of a conference on local fields, Driebergen (The Netherlands), 56—65 (1966).
85. — Sur un principe de maximum en analyse p-adique, Proc. Kon. Ned. Akad. v. Wetensch. A 69, 213—222 (1966).
86. — On the moment problem in non-archimedean analysis, Proc. Kon. Ned. Akad. v. Wetensch. A 71, 254—259 (1968).
87. — Remarks on some problems in linear topological spaces over fiields with non-archimedean valuation, Proc. Kon. Ned. Akad. v. Wetensch. A 71, 484—496 (1968).
88. — Sur une classe de corps topologiques munis d'un pseudo-odre, Proc. Kon. Ned. Akad. v. Wetensch. 72, 364—375 (1969).
89. Nachbin, L.: A theorems of the Hahn-Banach type for linear transformations, Trans. Amer. Math. Soc. 68, 28—46 (1950).
90. Narici, L.: On nonarchimedean Banach algebras, Dissertation Faculty of the Polytechnic Institute of Brooklyn (1966).
91. Nastold, H.-J.: Nonarchimedean function theory, Actas Coloquio internac. Geom. alg., Madrid 1965, 147—154.
92. — Lokale nichtarchimedische Funktionentheorie, Math. Ann. 164, 213—218 (1966).
93. Pontrjagin, L.: Topologische Gruppen, Teil 1 (Leipzig 1957).
94. Put, M. van der: Algèbres de fonctions continues p-adiques, Thèse Université d'Utrecht 1967.
95. — The ring of bounded operators on a non-archimedean normed space, Proc. Kon. Ned. Akad. v. Wetensch. A 71, 260—264 (1968).
96. — Algèbres de fonctions continues p-adiques, Proc. Kon. Ned. Akad. v. Wetensch. A 71, 401—420 (1968).
97. —, Tiel, J. van: Espaces nucléaires non-archimédiens, Proc. Kon. Ned. Akad. v. Wetensch. 70. 556—561 (1967).
98. — Espaces de Banach non-archimédiens, Bull. Soc. Math. France, 97, 309—320 (1969).
99. — Non-archimedean function algebras, à paraître.
100. Raghunathan, T. T.: On the space of entire functions over certain non-archimedean fields, Boll. Un. Mat. Ital., IV, Ser. 1, 517—526 (1968).
101. Rangachari, M. S., Srinivasan, V. K.: Matrix transformations in non-archimedean fields, Proc. Kon. Ned. Akad. v. Wetensch. 67, 422—429 (1964).
102. Rangan, G.: Non-archimedean valued almost periodic functions on groups, Thesis University of Madras 1967.
103. — Non-archimedean valued almost periodic functions, Proc. Kon. Ned. Akad. v. Wetensch. 72, 345—353 (1969).
104. — Non-archimedean Bohr compactification of a topological group, Proc. Kon. Ned. Akad. v. Wetensch. 72, 354—359 (1969).
105. Remmert, R.: Algebraische Aspekte in der nichtarchimedischen Analysis, Proc. of a conference on local fields, Driebergen (The Netherlands), 86—117 (1966).
106. Robert, P.: On some non-archimedean normed linear spaces, Compositio Math. 19, 1—77 (1968).
107. Rooij, A. C. M. van: Invariant means with values in a non-archimedean valued field, Proc. Kon. Ned. Akad. v. Wetensch. 70, 220—228 (1967).
108. —, Schikhof, W. H.: Non-archimedean integration theory, Proc. Kon. Ned. Akad. v. Wetensch. A 72, 190—199 (1969).
109. Schikhof, W. H.: Non-archimedean harmonic analysis, Thesis Nijmegen 1967.
110. — Differentiation in non-archimedean valued fields, Proc. Kon. Ned. Akad. v. Wetensch. A 73, 35—44 (1970).

111. —, Rooij, A. C. M. van: The Radon-Nikodym theorem for non-archimedean integrals. à paraître Proc. Kon. Ned. Akad. v. Wetensch.

112. Schnirelman, L.: Sur les fonctions dans les corps normés et algébriquement fermés, Bull. Acad. Sci. U.R.S.S., Séries Math. 478—498 (1938).

113. Schöbe, W.: Beiträge zur Funktionentheorie in nichtarchimedisch bewerteten Körper, Thèse Sc. Math. Univ. Münster 1930.

114. Schwartz, L.: Homomorphismes et applications complètement continues, C. R. Acad. Sci. Paris Sér. A—B **236**, 2472—2473 (1953).

115. Serre, J.-P.: Rationalité des fonctions ζ des variétés algébriques (d'après B. Dwork), Sém. Bourbaki **198** (1959/1960).

116. — Endomorphismes complètement continus des espaces de Banach p-adiques, Publ. Math. I.H.E.S. no. **12** (1962).

117. — Corps locaux, Paris 1962.

118. — Classifications des variétés analytiques p-adiques compactes, Topology **3**, 409—412 (1965).

119. Shilkret, N.: Non-archimedean Gelfand theory, Pacific J. Math. **32**, 541—550 (1970).

120. Springer, T. A.: Quadratic forms over fields with a discrete valuation I, Equivalence classes of definite forms, Proc. Kon. Ned. Akad. v. Wetensch. **58**, 352—362 (1955).

121. — Quadratic forms over fields with a discrete valuation II, Norms, Proc. Kon. Ned. Akad. v. Wetensch. **59**, 238—246 (1956).

122. — Une notion de compacité dans la théorie des espaces vectoriels topologiques, Proc. Kon. Ned. Akad. v. Wetensch. A **68**, 182—189 (1965).

123. Tate, J.: Rigid analytic spaces, Publ. Math. I. H. E. S., Paris (1962).

124. Tiel, J. van: Espaces localement K-convexes, Proc. Kon. Ned. Akad. v. Wetensch. A **68**, 249—258, 259—272, 273—289 (1965).

125. — Une note sur les applications complètement continues, Proc. Kon. Ned. Akad. v. Wetensch. A **68**, 772—776 (1965).

126. — Ensembles pseudo-polaires dans les espaces localement K-convexes, Proc. Kon. Ned. Akad. v. Wetensch. **69**, 369—373, 1966.

127. Tison, F.: Comportement local d'une fonction d'une variable p-adique à valeurs p-adiques, C. R. Acad. Sci. Paris Sér. A—B **259**, 3154—3157 (1964).

128. Tomàs, F.: Integracion p-adica, Boletin de la Soc. Matem. Mexicana (1962).

129. Warner, S.: Locally compact vector spaces and algebras over discrete fields, Trans. Amer. Math. Soc. **130**, 463—493 (1968).

130. Zeller, K.: Theorie der Limitierungsverfahren, Springer-Verlag 1958.
     Ajouté pendant la correction:

131. Akkar, M.: Espaces vectoriels bornologiques K-convexes, Proc. Kon. Ned. Akad. v. Wetensch. A **73**, 82—95 (1970).

132. Bartenwerfer, W.: Über den Kontinuitätssatz in der nichtarchimedischen Funktionentheorie, Diss. Göttingen, 1968.

133. — Einige Fortsetzungssätze in der p-adischen Analysis, Math. Ann. **185**, 191—210 (1970).

134. Blij, F. van der, Monna, A. F.: Models of Space and Time in Elementary Physics. Journal of Math. Analysis and Appl. **22**, 537—545 (1968).

135. Byers, V.: Non-Archimedean Norms and Bounds, Linear Algebra and Appl. **3**, 57—77 (1970).

136. Dwork, B.: On the zeta function of a hypersurface II, Ann. of Math. **80**, 227—299 (1964).

137. — On the zeta function of a hypersurface III, Ann. of Math. **83**, 457—519 (1966).

138. — On p-adic analysis, Some Recent Advances in the Basic Sciences, Vol. 2 (proc. Annual Sci. Conf. Belfer Grad. School Sci. Yeshiva Univ., New York, 1965—1966), pp. 129—154. Belfer Graduate School of Science, Yeshiva Univ., New York 1969.

139. Everett, C. J., Ulam, S. M.: On some possibilities of generalizing the Lorentz group in the special relativity theory. J. Combinatorial Theory 1, 248—270 (1966).
140. Ikeda, M., Haifawi, M.: On the best approximation property in non-archimedean normed spaces, à paraitre, Proc. Kon. Ned. Akad. v. Wetensch.
141. Marti, Jürg T.: Introduction to the theory of Bases, Springer-Verlag 1969.
142. Monna, A. F.: Some problems in distance geometry. Euclides 44, 163—174 (1968/1969).
143. Monna, A. F.: Niet-archimedische metrieken en natuurkunde. Simon Stevin 39, 31—42 (1965).
144. Motzkin, E., Robba, Ph.: Ensembles d'analyticité en analyse p-adique. C. R. Acad. Sc. Paris 269 (1969).
145. Motzkin, E.: Un invariant conforme p-adique. C. R. Acad. Sc. Paris 269 (1969).
146. Put, M. van der: Reflexive non-archimedean Banach spaces, à paraitre, Proc. Kon. Ned. Akad. v. Wetensch.
147. Raghunathan, T. T.: On the space of entire functions over certain non-archimedean fields and its dual, Studia Math. 33, 251—256 (1969).
148. Reichel, H.-C.: Über nicht-archimedische Topologien. Sitzungsberichte der Österreichischen Akademie der Wissenschaften (à paraitre).
149. — On the metrization of the natural topology on the space A^B. Journal of Math. Anal. and Appl. (à paraitre).
150. Rooy, A. C. M. van: Non-archimedean Uniformities. Kyungpook Mathematical Journal 10, 21—30 (1970).
151. Tiel, J. van: Spazi lineari topologici su un corpo a valuatione non archimedea. Ricerche di Matematica 19, 111—130 (1970).

Index terminologique

Notations

N	Nombres naturels	O	Anneau des entiers
Z	Anneau des nombres entiers	$\mathfrak{p}$	Idéal maximal
Q	Corps des nombres rationnels	$Co(S)$	Enveloppe convexe de l'ensemble S
R	Corps des nombres réels	$\bar{A}$	Adhérence de A
C	Corps des nombres complexes	$\mathring{A}$	Intérieur de A
Q$_p$	Corps des nombres p-adiques	CS	Complémentaire de l'ensemble S
K	Corps valué	$|\cdot|$	Valuation
		$\|\cdot\|$	Norme

Ergebnisse der Mathematik und ihrer Grenzgebiete

Printed in the United States
By Bookmasters